数值模拟在土木水利工程中的应用研究

孙　政　周晓敏　廖宣鼎◎著

中南大学出版社
www.csupress.com.cn

·长沙·

图书在版编目（CIP）数据

数值模拟在土木水利工程中的应用研究／孙政，
周晓敏，廖宣鼎著. --长沙：中南大学出版社，2024.12.
　　ISBN 978-7-5487-6146-4

　　Ⅰ. TU；TV

中国国家版本馆 CIP 数据核字第 2024LK6594 号

数值模拟在土木水利工程中的应用研究
SHUZHI MONI ZAI TUMU SHUILI GONGCHENG ZHONG DE YINGYONG YANJIU

孙　政　周晓敏　廖宣鼎　著

□出 版 人	林绵优
□责任编辑	陈应征
□责任印制	唐　曦
□出版发行	中南大学出版社

社址：长沙市麓山南路　　　　邮编：410083
发行科电话：0731-88876770　　传真：0731-88710482

□印　　装　定州启航印刷有限公司

□开　　本　710 mm×1000 mm 1/16　□印张 19.75　□字数 271 千字
□版　　次　2024 年 12 月第 1 版　　□印次 2024 年 12 月第 1 次印刷
□书　　号　ISBN 978-7-5487-6146-4
□定　　价　98.00 元

前　言

土木水利工程涉及岩土工程、防灾减灾工程及防护工程、水利水电工程等众多工程领域。随着工程建设的日趋复杂，数值模拟作为一种重要的研究方法，已成为解决土木水利领域各种工程问题的重要手段，是推动各工程领域创新与发展的重要技术支撑。

岩石、土体等各向异性、非均质性的天然地质体是土木水利工程中常见的工程材料，其破坏过程具有非均匀性和大变形等特点。岩土体动态力学响应及破坏特性研究对认识岩土体灾害和指导工程设计具有重要意义。同时，降雨诱发的滑坡、泥石流等地质灾害动力过程复杂，是我国常见的山地灾害，严重制约着我国山地工程建设、资源开发和社会经济可持续发展。其中，水土耦合效应以及岩土体固有的参数变异性和空间变异性，给岩土体稳定性研究、抗滑桩加固效应分析以及地质灾害风险定量评估带来了巨大挑战。同时，水库大坝是水利工程中常见的工程结构，在防洪、能源生产、蓄水等方面发挥着重要作用。但大坝在具有社会效益和经济效益的同时，存在着溃坝的潜在风险。溃坝流是一种典型的自由表面流动问题，具有冲击力大和破坏性强等特点，发生溃坝将会对人民的生命财产安全造成极大的威胁。

有限元法和物质点法分别是有网格类方法和无网格类方法中的典型数值方法。在有限元法中，求解域与计算网格相固连，材料和网格之间不存在相对运动，控制方程中不存在对流项，便于追踪随时间和空间变化的物质信息，同时易于处理相关的材料本构模型。但当涉及材料特大变形，如破碎、卷曲等强非线性现象时，有限元法受限于网格畸变的影响，计算精度降低。物质点法隶属伽辽金型无网格法，它结合了拉格朗日描述和欧拉双重描述的优点：由一系列的拉格朗日质点离散求解域，并携带材料的所有物质信息，包括位置、速度、动量、应力应变等历史变量，跟随物体运动而运动。同时，在欧拉背景网格上进行空间导数和控制方程的求解，体现相邻物质点之间的相互作用与联系。与有限元法类似，物质点法在计算过程中不需要处理对流项，有利于追踪各物质信息随时间的变化历程，同时，物质点法既避免了网格畸变以及粒子搜索算法的烦琐，又方便施加本质边界条件，具有显著的算法优势。

本书围绕土木水利领域的几类典型工程问题，基于有限元法、物质点法及其改进算法等数值方法开展模拟研究，共分为 6 章，具体安排如下：第 1 章介绍了本书的研究背景和主要研究内容；第 2 章基于 ANSYS/LS-DYNA 开展了岩石动静组合加载模拟研究；第 3 章基于 ABAQUS 开展了降雨条件下土坡稳定性及抗滑桩加固效应模拟研究；第 4 章基于应变软化和流变模型开展了土体大变形物质点法模拟研究；第 5 章基于随机场理论和 GA—BP 神经网络开展了土质滑坡风险定量评估物质点法模拟研究；第 6 章基于 B 样条物质点法开展了牛顿／非牛顿溃坝流模拟研究。本书可作为土木水利工程技术人员设计分析的参考书，也可作为高等学校土木工程、水利工程等相关专业本科生与研究生的教材使用。

本书由孙政、周晓敏和廖宣鼎共同完成，其中廖宣鼎负责撰写第 1.5 节、第 6.4 节、第 6.5 节和第 6.6 节；周晓敏负责撰写第 1.3 节、第 1.4 节、第 6.1 节、第 6.2 节、第 6.3 节、第 6.7 节及第 4 章；孙政负责撰写其余内容。本书涉及的研究得到了江西省主要学科学术和技术带头人培养项目（20225BCJ23022）、国家自然科学基金项目（12262013）、江西省杰出青年基金项目（20232ACB211005）等项目的支持；本书的完成离不开张琦、刘开、王晶磊、吴锐、徐云卿等研究生的辛勤付出以及江西理工大学、赣州市政公用投资控股集团有限公司和上犹县水利局的大力支持，在此表示衷心感谢。限于笔者的学识水平，书中难免存在不足之处，真诚希望读者和同行专家批评指正。

目　录

第1章 绪 论

1.1 数值模拟简介

计算机自发明以来，就被广泛应用于解决土木水利等各工程领域的复杂问题。随着工程问题的日趋复杂，传统的理论计算和昂贵的实验与测试，逐渐被计算能力更强、适用于各类极限工况的数值方法所取代。数值模拟的一个重要优势是可以探索复杂系统在各种复杂条件下的复杂行为，尤其是那些难以或不可能通过实验研究的情况。当前，数值模拟已成为科学家和工程师用来模拟和分析复杂系统的重要手段，从亚原子粒子的行为到宇宙的动力学，数值模拟已经成为人们认识和改造世界不可或缺的工具。

数值模拟的核心是使用数学模型来描述现实系统的行为，这些模型可以预测系统在不同条件下的行为，协助研究人员测试理论和探索新的想法，而不需要进行昂贵且耗时的实验。数值模拟的第一步是建立一个精确表示所研究系统的数学模型，该模型可以采用多种形式，具体取决于系统的性质和所研究的问题。例如，通过管道的水流模型可能基于流体力学原理建立，化学反应模型可以根据热力学和动力学原理建立。其次是将数学模型翻译成计算机可以理解的形式，通常需要用 Fortran、

C++ 或 Python 等编程语言编写可以在计算机上执行的代码。最后，在各种计算机系统上运行程序，从台式计算机到超级计算机，所需的计算能力取决于模型的复杂性和所研究系统的规模。例如，在台式计算机上模拟单个分子的行为可能只需要几分钟，而在超级计算机上模拟整个生态系统的行为可能需要几天甚至几周。

得益于计算机技术的进步以及各种新算法的相继提出，数值模拟已在很大程度上改变了科研和工程，甚至改变了人们的日常生活。例如，蒙特卡洛模拟已成为估计金融工具价值和评估相关风险的一种流行技术，可以用来模拟金融市场的行为和评估风险，可以测试不同市场条件对投资组合的影响，帮助投资者作出明智的投资决策。此外，将数值模拟与人工智能、机器学习和量子计算等其他新兴技术相结合，有望在更广泛的领域实现重大突破。例如，在数值模拟中使用人工智能可以帮助人们识别复杂数据集中的模式和关系，从而进行更准确的预测，产生更好的见解。

尽管数值模拟有许多优点，但它也存在一定的局限性。首先，数值模型简化了现实世界的物理系统，只有在保证所做假设尽可能接近真实世界的系统模型的前提下，模拟结果才能真实反映现实系统；其次，模拟的计算量非常大，结果对模拟中使用的方法和算法很敏感；再次，模拟是基于数学模型的，因此研究人员必须依靠物理实验、经验数据和数学分析来确保他们的模拟是准确和可靠的，需要不断完善他们的模型和算法；最后，模拟的复杂性和规模的增加可能会带来重大的计算挑战，需要大规模并行计算和使用专门的软件。

总之，数值模拟已成为改变科学和工程研究并广泛应用于工业和科学领域的有力工具。数值模拟的可能性是巨大的，通过不断探索新的领域，开发新的方法和技术，研究人员可以解锁数值模拟的全部潜力，并在一些较具挑战性的问题上取得进展。在土木水利领域，数值模拟正在帮助研究人员以新的和令人兴奋的方式探索和理解世界。随着计算能力的不断提高和新的模拟方法的发展，数值模拟对土木水利等科学和工程研究领域进行革命性颠覆的潜力将越来越大。

1.2 岩石动态特性及本构模型研究

深部岩体受到自重应力、构造应力、外部静载等因素的影响，在爆破开挖前就处在三维地应力的环境中。同时，受地下地应力本身的复杂性以及开挖时动载荷扰动的影响，三维地应力会随着空间和时间的变化而变化。当深部岩体受到冲击载荷时，就会表现出与浅层岩体不同的动态力学性质。基于此，众多学者开展了初始应力下的岩石动力学研究。

在岩石动态特性方面，纵波波速是反映岩石动态力学特性的重要参数，金解放等利用红砂岩长试件，研究了轴向静载对岩石应力波的幅值衰减以及纵波波速的影响；Chen et al、Selim et al、Qi et al 的研究表明，在一定预应力范围内，初始轴向应力导致岩石纵波波速加大，但当轴向应力达到一定值时，纵波波速将会减小；李新平等通过室内试验建立了相关模型，得到了不同初始应力条件下裂隙岩体的纵波波速，结果表明，裂隙岩体的纵波波速与初始应力状态具有明显的相关性，初始应力对岩石的冲击破坏特性、应力波传播规律、能量变化也具有一定的影响；李夕兵等研究了轴向静载下岩石受冲击载荷后的破坏特性，通过设置不同等级的轴向静载，得到了岩石临界破坏的承载强度；王伟等分析了不同静载形式下岩石的破坏特征，研究表明，在不同工况的动静组合加载作用下，岩石破坏模式均为压剪破坏；李新平等研究了初始静应力对节理岩石中应力波传播规律的影响，结果表明，随着初始静应力的增加，岩石材料对应力波能量的衰减作用加强，而由节理引起的衰减作用减弱；Fan et al 研究了初始静应力对节理岩石中地震波的幅值衰减影响，结果表明，当地震波频率较小时，初始静应力对地震波幅值影响较小，但对地震波速的影响很大；金解放等研究了具有轴向静应力的变截面岩石应力波频散特性和幅值衰减规律，指出几何性质和初始应力状态对应力波传播规律具有重要影响；叶洲元等通过固定围压改变轴压和固定轴压改变围压的试验，研究了三维静应力下岩石对冲击能的吸收效应；刘少虹等研究发现，随着轴向静应力的增加，煤岩的应力波能量耗散呈现出"先增大，后减小"的变化特征。

初始静应力对岩石的纵波波速、破坏特性、能量转换以及应力波幅值衰减和频散变化均具有重要影响。然而，目前仍有两个方面的问题值得人们探讨：一方面，大多数岩石动静组合加载试验在初始应力状态设置，仅考虑单一轴压或围压，对三维地应力作用下岩石（体）动态力学特性的研究较少；另一方面，现有的研究多从试验角度入手，在理论分析和数值模拟方面的研究尚不充分。

在岩石本构模型方面：霍姆奎斯特—约翰森—库克（Holmquist—Johnson—Cook）模型（以下简称"HJC 模型"）主要由三个方程构成，分别为强度方程、状态方程、损伤演化方程，能准确地描述岩石、混凝土等脆性材料在高应变、高应变率作用下的动态力学响应。HJC 模型被广泛应用于岩石爆破冲击工程数值模拟，Zhu et al 研究发现，改进的HJC 模型能有效地描述脆性材料在静、动载荷下的拉伸响应；张嘉凡等基于煤岩体分离式霍普金森压杆（SHPB）冲击试验，在经验取值范围的基础上，结合正交试验法，采用数值模拟反推得到煤岩 HJC 模型主要敏感参数；宋帅等利用有限元软件，模拟混凝土的冲击试验，结合相关试验数据，计算并确定了混凝土材料的 HJC 本构模型参数，同时也指出该模型只适用于高应变率下的材料动态变形过程；Wang et al 利用 HJC 模型模拟了石灰岩在不装药条件下的单孔爆破过程，并采用罗吉斯蒂克（Logistic）拟合函数，表征岩石爆破损伤的空间分布规律；石恒等利用"试算—逼近"方法，确定了不同实时温度下的岩石 HJC 本构模型参数，并指出在 HJC 模型中加入单元失效准则，可以准确地模拟出岩石在冲击载荷中的瞬时损伤过程以及破坏形态。CHEN 的研究表明，HJC 模型的材料状态方程以分段函数来表示，致使方程曲线在低应变率段出现了间断点，无法细致地表征该应力状态下的材料力学性质。因此，这一模型只适合运用于高应变率范围下的材料动态变形过程。1998 年，里德尔（Riedel）、希尔迈尔（Hiermaier）、托马（Thoma）在对混凝土 HJC 模型研究成果进行总结归纳的基础，引入 3 种极限面方程，提出了 RHT（Riedel–Hiermaier–Thoma）本构材料模型，与 HJC 材料模型相比，该模型虽然参数确定更为复杂，但具有更好的模拟适配性。李洪超等基于各类岩石的 SHPB 冲击试验，利用正交试验法和极差分析，对 RHT 模型中难以确定的参数进行敏感度排序，并确定了各类岩石在该试验条件下的 RHT 模型参数；刘殿柱等根据弹丸侵彻混凝土的试验特点，以混凝土侵彻深度为参数评价指标，利用正交分析法，对 RHT 部分参数进行敏感性分析；聂铮玥等在上述学者的研究基础上，增加侵彻试验的参数评价指标，利用多元回归模型，计算参数间的交互效应和主效应，定量描述了各个参数的贡献度。RHT 模型能够较好地反映弹丸侵彻混凝土、岩石冲击试验等动态力学响应过程。本书主要研究岩石动静组合加载的数值模拟，对于不同的力学试验和岩石种类，RHT 模型材料参数的敏感度也会不同。基于此，针对特定试验，需要进行相应的参数确定分析，不能直接采用特定的参照值。在 RHT 模型参数确定的研究中，正交试验法是较为常见的，该方法以试验某一因变量为评价指标，通过比较正交试验模拟结果与实际试验结果确定模型参数。然而，该方法仅选用一个评价指标，尚未考虑参数变化对其他试验因变量的影响，存在一定的局限性。

在数值模拟方面，数值模拟方法作为一种常见的研究手段，在岩石冲击试验方面得到广泛的运用，其不仅可以降低试验成本，避免仪器误差和加工误差，而且可以观测到微秒级的岩石应力应变变化情况和破坏特征。廖志毅等利用 RFPA^{2D} 数值软件，模拟了节理岩石在刀具动态冲击作用下的破坏过程，结果表明，节理面的反射波加剧了岩石的损伤程度；赵伏军等对不同静载或动载下岩石冲击破坏特征进行了数值模拟研究，结果表明，岩石受到冲击载荷破坏时，其裂纹面形状为倒三角形状，而在静载作用下岩石破碎裂纹面形状为梯形面；王志亮等研究了不同网格划分精度对岩石爆破数值模拟结果的影响；王高辉等利用数值模拟，并结合拉格朗日—欧拉有限元方法，建立水下爆破混凝土重力坝模型，对爆破冲击波传播规律进行研究分析；张社荣等基于显式动力分析软件AUTODYN，建立不同网格尺寸下空中和水下爆破的数值模型，并分别对两个模型的计算精度进行分析。数值模拟方法也广泛应用于岩石SHPB试验技术和动静组合加载试验方面的研究：曹吉星等、赵雷等利用LS-DYNA有限元软件，对C80、C100高强度混凝土SHPB冲击试验进行了模拟计算；高科对岩石动力学实验技术进行数值模拟，研究应力波脉冲形状对波的弥散作用，证明半正弦波是岩石SHPB冲击试验的理想波形；任文科等、李汶峰等利用有限元软件对具有整形器的SHPB试验进行模拟仿真，研究表明，整形器的厚度和直径对入射波幅值对应的时间点有一定影响；李圳鹏等对节理岩石动力冲击试验进行模拟计算，研究表明，岩石的破坏形态和峰值强度会随着节理厚度的变化而变化；张明涛等对具有轴向静应力的岩石冲击试验进行了数值模拟，研究表明，无轴向静应力时，岩石的冲击破坏模式主要为劈裂破坏，而在轴向静应力的作用下，岩石破坏模式以压剪破坏为主；张华等在岩石动静组合加载试验的数值模拟中，运用动力松弛法对岩石施加主动围压，并调试了合理接触刚度因子 K，减弱了模拟结果中的波形振荡；巫绪涛等结合SHPB试验和数值模拟方法，分析了应力波在大直径杆中的传播过程。数值模拟方法具有高可控性、可重复性和低成本等优点，在岩石动态力学研究方面发挥了重要作用。目前，在岩石动静组合加载试验的数值模拟研究中，仍存在两个方面的问题需要改进：一方面，在岩石动静组合加载的数值模拟方案中，大多是利用动力松弛法来实现预应力的加载，而该方法需要在显式动力分析中加入隐式求解，会导致运算结果收敛性降低；另一方面，在预应力加载方式上，现有的模拟研究中只设置轴压或围压一个预应力变量，对三维静载下岩石冲击试验的模拟研究较少，同时在有限元模型建立上，只针对冲击装置，尚未考虑外部预应力加载装置对试验结果的影响。

1.3 土体稳定性及其加固效应研究

自然状态下，多数岩土体呈现出应变软化的特性，当边坡内部的土体具有应变软化特性时，边坡破坏时滑动面上的土体强度不会同时达到峰值强度，而是部分土体单元先达到峰值强度，发生局部破坏。随着塑性应变的增加，抗剪强度从峰值迅速降低至残余强度，因此土坡破坏时不会沿着滑动面同时发生剪切破坏，而是呈现出渐进破坏的形式。目前，在应变软化模型方面进行了研究的有：吴凯峰等对理想弹塑性模型与应变软化模型进行了比较分析；苏培东等证明应变软化摩尔—库伦本构模型能更准确地反映边坡软弱夹层的渐进破坏过程；Conte et al 提出了一种基于有限元法的非局部黏弹塑性本构模型的数值分析方法；Miao et al 提出一个考虑流变效应的演化模型来描述土质边坡的渐进破坏过程，有助于人们直观地了解边坡渐进破坏的力学机制和局部破坏的演化过程。在边坡渐进破坏模式研究方面：何成等提出了用于分析多场耦合条件下应变软化边坡渐进破坏模式及稳定性可靠度的方法；陈亚烽、Zhang et al 分别提出了一种分析边坡渐进破坏的分析方法；薛海斌等对矢量法和极限平衡法的应变软化边坡稳定性分析方法、进行对比分析，侧面验证了这两种方法的合理性和可靠性；邓琴等结合矢量法分析了滑面在应变软化过程中安全系数的演化规律。在土体强度参数软化效应研究方面：齐群等通过研究证明，内摩擦角是影响土体应变软化特征的重要力学指标之一，残余内摩擦角与峰值内摩擦角均与含水率呈负相关；唐芬等在研究中发现，土体物理参数以不同速度衰减，进一步形成剪切带，随着剪切带的扩展，土坡失稳；王庚荪等通过模拟，分析了内摩擦角、黏聚力及残余系数对安全系数和滑动面形迹的影响。

降雨入渗边坡，使得土体的含水率及饱和度与孔隙水压力上升，基质吸力降低，改变了土体的原始内部结构，使土体的含水率增加、抗剪强度减小、下滑力增大，极易造成滑坡、泥石流等特大自然灾害，给人类生产生活造成极大威胁。因此，加强有关降雨入渗对边坡稳定性的研究意义重大，国内外众多学者致力于此。张社荣等基于有限元软件实现应力与渗流耦合作用下的分析方法，多方位分析降雨特性对边坡稳定性的影响；杨兵等采用室内模型试验方法对基覆型边坡在暴雨作用下的失稳过程及机制进行了系统研究；王磊等通过在黄土陡坡现场开展降雨试验，分析了坡体含水率及土压力响应，总结了边坡开裂特征、开裂模式及土工布隔离槽的工程效应；骆文进等利用有限元软件对高边坡的稳定性进行模拟，研究表明，随着降雨入渗深度的增加，边坡应变场的塑性区不断从坡体深部向浅部发展，最终形成潜在滑动面；靳红华等利用数值模拟软件与试验相结合，研究了降雨循环条件高切坡的降雨入渗过程；陈林万等通过试验，研究了降雨入渗对直线型黄土填方边坡的变形破坏模式；Tsaparas et al 采用数值模拟的方法，研究了几种水文参数对渗流条件的影响，研究结果表明，非饱和土坡的渗透饱和系数与降雨模式的比值对非饱和土坡的渗流模式有显著影响；Kim et al 利用有限元方法进行数值分析，并对部分饱和模型边坡的渗水过程进行研究，探讨了孔隙水流动与固体骨架变形耦合作用的影响；潘振辉等运用数值模拟的方法研究地表入渗作用下土水特征曲线参数与边界条件对入渗结果的影响，并分析了黄土中水分入渗的规律；吴旭敏等利用有限元软件模拟降雨条件，对边坡稳定性进行分析，结果表明，短时强降雨会造成边坡稳定性短时间内剧烈下降，给边坡的安全性带来巨大威胁；林国财等通过试验研究证明，降雨入渗对边坡稳定性的影响不仅仅发生在降雨过程中，降雨停止后，水分入渗过程延续，边坡稳定性持续降低；王述红等通过数值模拟研究分析发现，降雨强度越大，浅层土体形成饱和区的速度越快，越易发生浅层滑坡，而黏土层则会加速上述过程，危害边坡稳定性；唐栋等通过研究发现，低强度长历时的前期降雨对黏土边坡稳定性影响更大，高强度短历时的前期降雨对砂土边坡稳定性影响更大；Rahardjo et al 通过研究发现，在降雨停止后，地下水位继续上升，边坡土体稳定性下降，模拟证实了前期降雨在边坡稳定性中的作用；林鸿州等通过对降雨引发土坡失稳的分析，提出了采用累积雨量与降雨强度作为雨量预警基准所需的参数；黄明奎等以高填方路基边坡为研究对象，分析了极端降雨对边坡稳定性的影响；曾昌禄等分析了模型边坡的降雨入渗规律以及基质吸力的变化特征，同时对比了不同雨强条件下边坡入渗规律之间的差异；Rahardjo et al 通过研究发现，降雨强度和土壤性质是降雨导致边坡失稳的主要因素，其中前期降雨强度的影响大于土壤渗透性；Rahimi et al 研究了电导率对土质边坡稳定性的影响，研究结果表明，低电导率土壤边坡的稳定性比高电导率土壤边坡的稳定性高；Cai et al 研究了水力特性、初始相对饱和度、考虑边界条件的方法以及降雨强度和持续时间对边坡水压的影响；马吉倩等通过研究证明，降雨入渗深度与坡积土层厚度成正比，且坡积土层厚度对含水率的影响程度与降雨强度有关；史振宁等设计了一种可以测量土体体积含水率的降雨入渗试验模型，通过试验得到了土体初始含水率分布状态以及降雨入渗条件下土体含水率的变化规律。

土质坡体失稳一般是局部土体先软化，然后软化区域进一步扩大，直至贯通形成连续破坏面，基于应变软化作用下的弹塑性本构模型，可以更加准确地模拟土体大变形运动过程。王军祥等提出了基于德鲁克—布拉格强度准则的岩石弹塑性应变软化本构模型，并论述了如何运用本构模型的程序化求解；李杭州等提出了双剪统一弹塑性应变软化本构模型，根据统一强度理论应力不变量的形式，确定所要建立模型的屈服函数以及塑性势函数，考虑土体强度随加载过程的逐渐发挥，确定土体硬化函数；Xiao et al 提出了统一的应变硬化和应变软化弹塑性本构模型，用来描述应力—应变的非线性；Peng et al 在广义位势理论框架下，提出了考虑界面薄层单元应变软化和剪胀的弹塑性本构模型，并与有限元法（FEM）的预测结果进行对比，验证了该方法的可行性；张宏博等提出了一个能合理描述剪胀性和应变软化特性的粉细砂弹塑性本构模型，并与多组试验结果进行对比，验证了其可行性。土体颗粒物流动本身也是一种典型的大变形破坏过程，具有非牛顿流体的流动特征，通过非牛顿本构模型模拟土体大变形问题，更加贴合自然界中土体的特性，能够达到提高准确性的目的。向浩等通过把非牛顿流体转化为变黏度牛顿流体的处理方法，以卡森（Casson）流体和克洛斯（Cross）流体为例计算了非牛顿流体的二维溃坝问题；Manisha et al 研究了剪切速率相关的非线性黏性系数服从幂律流变方程的非牛顿流体在三个不同长径比的矩形区域上的流动行为；Bilal et al 研究了一类非牛顿流体动力学方程的适用性问题，证明了幂律模型和宾汉姆（Bingham）模型这两个重要模型强解的局部存在性和唯一性；Grigory et al 的研究考虑了具有剪切率相关黏度的非牛顿流体的非稳态泊肃叶（Poiseuille）流，证明了通量载体的速度和压力斜率的存在性、唯一性、规律性和稳定性；Norikazu et al 提出了一种用于不可压缩非牛顿流体流动模拟的笛卡儿网格方法中的一致性直接离散方法，利用刚性运动固体表面上的关系计算速度梯度，减小了数值误差。对于具有流变特性的软土来说，模型的选取将直接影响其力学行为描述的准确性，软黏土的力学特性是黏土颗粒在载荷下的微观力学行为的宏观表现，对于软黏土微观方面的研究是了解其宏观性质的基础；张伟等建立了吸力桩基础三维有限元模型，研究了不排水饱和软黏土中吸力桩基础在水平载荷作用下的承载特性；黄鹤等基于流变模型对大流动度水泥净浆运动过程进行了模拟，改进 Bingham 经验模型，使得 Bingham 模型得到的经验黏度值与浆体理论黏度更一致；胡亚元采用非饱和土流变模型，研究分析了非饱和土一维流变特性，并与土工试验数据进行了对比；Sidorov 提出了用于任意复杂的混凝土和钢筋混凝土结构的计算流变模型的实体化，并根据混凝土和钢筋混凝土结构计算的实验数据和规范文件的要求，对该模型进行了验证，并在 SIMULIA ABAQUS 软件环境中进行了计算模型的验证和使用所选计算模型的数值计算。

近年来，随着经济的发展，工程建设项目不断增多，滑坡灾害发生的频率提高，给人们的生产生活造成了巨大威胁，因此加固具有失稳趋势的边坡意义重大，而通过抗滑桩提高边坡的稳定性是较有效的加固措施之一。20 世纪 60 年代开始，抗滑桩广泛应用于边坡治理，并且获得显著成效。国内外众多学者对其进行了深入细致的研究。彭文哲等通过建立数值模型，分析了抗滑桩加固后的边坡稳定性及确定最危险滑动面和最优桩位、桩长，最终验证了数值分析方法的合理性；陈冲等提出一种复合单元抗滑桩模型，通过研究发现，抗滑桩布置在边坡中部时，加固边坡安全系数最大，越靠近边坡两端，加固边坡安全系数越小；王龙等通过算例分析，揭示了基质吸力对非饱和土边坡稳定性及抗滑桩加固效果的强化作用，研究了抗滑桩布设参数对支挡结构边坡稳定性的影响规律；李哲等对黄土边坡悬臂式与全埋式抗滑桩模型进行试验研究，试验结果为抗滑桩破坏预警及设计计算提供了数据支持；Won et al 提出了一种基于抗剪强度折减技术计算桩加筋边坡安全系数的方法，通过研究发现，在桩头固定时，不耦合分析对边坡安全系数的预测要比耦合分析保守得多；Kourkoulis et al 提出一种将有限元模拟的准确性与普遍接受的分析技术相结合的方法，并证明了该方法对于边坡抗滑桩的参数分析和设计的有效性；Wu et al 提出了一种新型的边坡抗滑桩——支墩抗滑桩，它可以取代目前广泛使用的桩锚系统，避免传统接头系统的不足。在抗滑桩桩排距与桩间距对加固边坡稳定性的影响研究方面：赵明华等考虑边坡的倾角对抗滑桩桩间距的影响，分析了桩间距与土体内摩擦角以及桩间距与坡面倾角之间的关系；唐芬等通过建立有限元模型，分析了不同排距下双排抗滑桩对滑坡推力的承担效果；Wei et al 通过研究单排桩桩间距的大小对临界滑动面的影响，发现单排抗滑桩加固边坡最有效的位置在于边坡中部与临界滑动面中部之间；Lei et al 对不同位置的单、双排稳定桩加固边坡进行了进一步的稳定性分析，研究表明，单排和双排稳定桩加固边坡的破坏模式不同；Li et al 考虑土拱的整体力学平衡条件和强度条件，提出了基于桩后或桩间土拱效应的抗滑桩最大桩距计算公式，并通过工程实例验证了其合理性。在抗滑桩桩位、桩长、桩径对加固边坡稳定性的影响研究方面：朱泳等得出的桩位、桩长和其他影响因素对抗滑桩加固边坡稳定性的影响规律，为排桩的设计提供了依据；年廷凯等通过典型算例研究，讨论了抗滑桩—边坡模型尺度、设桩位置、桩间距（S）与桩径（D）之比（S/D）、桩长与桩底接触模式等因素对边坡稳定性的影响；高长胜等利用离心模型对不同桩头与桩位条件下抗滑桩加固边坡破坏特性进行了实验研究；郑刚等的研究表明，抗滑桩能显著提高边坡的安全系数，桩体设置在边坡坡体中间偏上时，对安全系数的提高最为有效；陈建峰等通过开展不同锚固长度抗滑桩加固均质边坡可视化模型试验，揭示了锚固长度对均质边坡滑动面和抗滑能力的影响机理；Nian et al 通过研究证明，此时边坡内排桩的最佳位置在坡脚附近，此时边坡安全系数提高到设计值所需的稳定力最小；Ausilio et al 的研究表明，在滑动面较浅的非加固土坡上，设置排桩有利于提高边坡稳定性，且桩在边坡中的最有效位置在坡脚；Deendayal et al 通过试验，研究了桩的桩头处的载荷—挠度响应、横向承载力、坡度和埋置长度对桩承载力和沿桩身弯矩分布的影响。

1.4　土质滑坡及其风险定量评估研究

我国滑坡灾害在地质灾害中的比重逐年上升，因此从 1999 年开始在地质灾害严重的县（市）陆续部署开展了县（市）地质灾害调查与区划工作。根据第一期完成调查的 290 个县（市）结果报告，滑坡灾害占地质灾害总量的 51%。而根据中华人民共和国国家统计局的统计数据，

2012—2018 年滑坡灾害占地质灾害的 78%。滑坡按物质组成可分为土质滑坡、岩质滑坡和碎块石土滑坡，其中土质滑坡占滑坡总量的 69%。土质滑坡运动过程具有动能波动大、滑移距离远等特点，因此通过试验方式来对其全过程进行深入研究十分困难，数值模拟方法的发展极大地促进了滑坡模拟研究的进展。

Xue et al 将数据驱动的滑坡易发性评估方法和基于物理的滑坡稳定性评估方法结合，提出了储层滑坡预测矩阵预测模型；Sanavia et al 基于多孔介质力学理论，使用有限元单元法对边坡稳定性进行研究；Troncone et al 基于物质点法模拟研究敏感黏土滑坡倒退机制和跳动距离，并用三个典型案例进行验证；Song et al 结合经验模态分解（EMD）方法和改进粒子群优化（IPSO）方法，建立了适用于缓移储层滑坡阶梯状位移预测的预测模型；Chen et al 运用周期粒度（PG）盒法改进离散元法，模拟了大规模高精细分辨率滑坡；Zhang et al 提出一种基于图形处理单元（GPU）并行加速技术的高性能离散单元法（DEM）——平滑粒子流体动力学（SPH）滑坡浪涌耦合方法，很好地模拟了三维滑坡浪涌过程；Ren et al 提出了一种随机大变形有限元（LDFE）计算框架，结合欧拉—拉格朗日耦合技术和三维旋转随机场，在地层倾角的非均匀土体下，探究地震引发的滑坡后果；Bao et al 采用基于有限—离散元法—平滑粒子流体动力学（FDEM-SPH）、粒子流代码（PFC）模型和深度集成浅水流（DISWF）模型，对阻塞河流的滑坡进行了对比分析；He et al 采用不饱和两相物质点法模拟了水力滑坡再激活的整个过程；魏星等基于 SPH 和 FEM 耦合的数值计算方法，引入滑动面摩擦强度的速率衰减模型，提出了一种能够模拟地震诱发滑坡破坏过程的数值模拟方法；魏进兵等基于离散元方法开展了考虑地震危险性的倾倒变形边坡风险定量分析；杜文杰等发展了岩土体（固相）与水体（液相）相互作用的两相双质点物质点法（TPDP-MPM），模拟了滑坡堵江灾害链生成全过程；程井等针对边坡稳定性分析中土体力学参数存在空间变异性的问题，提出了计算堤坝边坡安全系数分布的随机有限元方法，以及求解边坡可靠度的蒙特卡洛（MC）强度折减联合法与 MC 直接法；宰德志等基于物质点法、谱表达法及随机函数思想，研究随机地震作用对路堤边坡滑动距离的影响；刘磊磊等将土体不排水抗剪强度参数模拟为旋转各向异性随机场，提出了采用多重响应面法对随机场样本进行边坡稳定性安全系数高效求解和升序排列，进而使用随机物质点法按序模拟随机场样本的边坡大变形过程；姚云琦等运用改进平方根法生成空间相关随机场，基于 COMSOL Multiphysics 仿真软件开展了考虑优势流作用的降雨入渗边坡可靠度分析。

1.5 溃坝流体流动及其冲击特性研究

水库大坝是水利工程中用于蓄水、发电或灌溉和防洪等的重要设施，发挥着巨大的效益，为我国经济发展和国力提升做出了巨大的贡献。溃坝流则是指大坝失稳或破坏后，大量流体迅速释放并形成的冲击波、泥石流及泥浆等。溃坝流具有强突发性、高速、巨大冲击力和强破坏性的特点，对下游地区造成巨大的破坏，严重威胁下游人民群众的财产安全和生命安全。圣维南于 1871 年提出了非恒定流偏微分方程组，自此溃坝流问题便以此为基础开展研究。1892 年，Ritter 利用特征理论，提出了坍塌的矩形流体柱的自由表面剖面演化的理论解决方案，得到了 Ritter 瞬间溃坝问题解，开创了溃坝流问题理论研究的先河。国外学者对溃坝流问题的理论研究较早，研究成果显著。而国内研究虽起步较晚，但也取得了大量成果。

Martin et al 首次针对溃坝流问题进行了一系列物理实验，得到了一系列关于在最初干燥的水平床上的二维和三维溃坝流的完整运动学数据。研究发现，波前速度与初始水位高的根成正比。这与 Ritter 的理论解决方案是一致的。Zhou et al 为了验证他们的数值方案，在荷兰海事研究所利用马林实验装置进行了实验，以描述大坝溃坝流运动学，分析流体波对固体垂直墙下游大坝的影响，并在多个位置上，使用大直径圆形冲击板进行了冲击压力的测量。Kim et al 通过粒子图像测速（PIV）测量整个溃坝流的速度场，并应用阴影图图像技术对其产生类型和流量进行了分析。俞振钊等针对小浪底水库进行了溃坝模型试验，提出了关于坝址流量、溃口宽度及下游断面流量过程线的经验公式。Lobovský et al 对溃坝下游干燥水平床上的溃坝流进行了实验研究，详细描述了其流动特性和冲击特性。

随着数学理论和计算机技术的高速发展，数值模拟已广泛应用于溃坝流的研究。数值模拟研究相较于物理试验具有更高的灵活性，其不局限于场地设置，计算周期相对较短，能够大幅度降低试验成本。王大国等采用有限元法建立了水波模型，精确模拟并分析了下游河床无水时溃坝模型自由水面运动特征。马洪玉等采用耦合欧拉—拉格朗日法（CEL），对带有结构物的溃坝流动特性问题进行了模拟。邵晨等采用壁面适应局部涡流黏度的大涡模拟模型，引入自由滑移法处理固壁边界条件，模拟了瞬时全溃坝以及瞬时局部溃坝流的流动过程。张建伟等建立了包含下游水位的溃坝模型，对于溃坝流冲击过程中波前到达的时间、流速、位置能够做到精确模拟。王春正等基于 FVM—FEM 耦合方法，采用几何 VOF 方法对溃坝流冲击问题进行了模拟。张大朋等采用VOF 法构建了二维溃坝流计算模型，模拟了不同外形障碍物与溃坝流的相互作用影响，阐明了溃坝流流体流动机理。Yuan et al 基于有限体积法（FVM），采用 HLL 方法计算数值通量，采用 MUSCL 重建方法和极限方案实现二阶计算，模拟了二维溃坝流动特性问题。Li et al 提出了一种改进的 MPS 方法，模拟了溃坝流与浮箱之间的剧烈相互作用。Xie et al 采用弱可压缩 MpS 方法研究了非牛顿溃坝流问题，其中非牛顿性质和流动行为由交叉流变方程来解释，该法结合一种基于实验的方法来估计交叉方程所需的参数。Kamani et al 提出了一种不可压缩非牛顿光滑粒子流体动力学（INNSPH）方法，其中静水压力的求解是通过求解具有非牛顿流变学的压力泊松方程来计算的，有效模拟了水平和倾斜下的溃坝流流动特性。Talbot et al 基于物质点法，模拟分析了圣费尔南多大坝（Lower San Fernando Dam）溃坝大变形特征问题。Zhou et al 提出了一种弱可压缩型 B 样条物质点法并引入了非牛顿幂律流体本构模型描述溃坝流，得出了非牛顿幂律溃坝流流动特性规律。

各类数值模拟方法在牛顿 / 非牛顿溃坝流问题上已经得到广泛应用，但溃坝流涉及水波演进大变形、溃坝流体本构模型问题，有网格类的有限体积法（FVM）和有限元法（FEM）在模拟时会出现网格畸变并引起误差。尽管无网格化的光滑粒子流体动力学方法（SPH）避免了网格畸变，但由于追踪的是网格边界上质量、动量和能量的通量流动，需求解非线性对流项，增加了求解难度，且不易于追踪各质点的运动时间历程，使得计算效率较低。并且，大部分溃坝流数值模拟研究并未考虑溃坝流流体的本构类型，与工程实际不符合，一定程度上限制了模拟方法的应用范围。因此，需要开发一种可以减少误差、提高计算效率和正确描述溃坝流体本构的数值模拟方法。

1.6 本书主要研究内容

本书围绕土木水利领域的几类典型工程问题，基于有限元法、物质点法及其改进算法等数值方法开展模拟研究，分别基于 ANSYS 开展了岩石动静组合加载模拟研究、基于 ABAQUS 开展了降雨条件下土坡稳定性及抗滑桩加固效应模拟研究、基于应变软化和流变模型开展了土体大变形物质点法模拟研究、基于随机场理论和 GA-BP 神经网络开展了土质滑坡风险定量评估物质点法模拟研究、基于 B 样条物质点法开展了牛顿 / 非牛顿溃坝流流动和冲击模拟研究。

本书的章节安排及其主要内容如下：

第 1 章，介绍本书的研究背景和研究内容，综述数值模拟、岩石动态特性及本构模型、土体稳定性及其加固效应、土质滑坡及风险定量评估、溃坝流体流动及冲击特性等方面的国内外研究现状。

第 2 章，阐述岩石动静组合加载试验以及数值模拟的基本理论，开展岩石动静组合加载试验的模拟研究，分析岩石动力本构模型及其参数的影响，研究三维静载下外部装置对岩石应力波波形的影响。

第 3 章，介绍 ABAQUS 以及土坡稳定性分析方法，研究坡顶载荷及水土耦合效应对土坡稳定性的影响，分析抗滑桩对土坡加固效应的影响。

第 4 章，介绍物质点法的基本理论和土体本构模型，分析应变软化模型及参数对土质滑坡大变形的影响，基于非牛顿 Cross 模型分析土体大变形问题。

第 5 章，介绍随机场理论、蒙特卡洛模拟和蒙特卡洛随机物质点法的基本理论，分别基于随机物质点法和遗传 BP 神经网络开展土质滑坡风险定量评估的模拟研究，分析相关函数、相关距离、残余强度等参数的影响。

第 6 章，介绍 B 样条物质点法和牛顿／非牛顿流体本构模型的基本理论，分别基于弱可压 B 样条物质点法开展牛顿／非牛顿溃坝流体流动特性和牛顿冲击特性的模拟研究，分析水位高度、冲击角度等参数的影响。

1.7　本章小结

本章阐述了数值模拟的基本概念，总结了岩石动态特性及本构模型、土体稳定性及其加固效应、土质滑坡及风险定量评估、溃坝流体流动及冲击特性等方面的国内外研究现状，介绍了本书的主要研究内容和章节安排。

第 2 章 基于 ANSYS/LS-DYNA 的岩石 动静组合加载模拟研究

2.1 概述

　　动静组合加载试验作为材料动态力学性能测试的有效手段，被广泛地应用于深部岩石、混凝土构件等非均匀材料有预应力下的冲击压缩试验。但室内冲击试验存在加工误差大、制作成本高、可重复性差等不足之处。数值模拟作为一种研究手段，不仅可以分析岩石冲击试验中的微秒级破坏过程，还可以避免试验中端面摩擦效应、加工误差等因素的影响；同时，可以低成本、高效率地开展参数化研究，弥补室内冲击试验的不足。本章基于动静组合加载试验的原理与方法，利用 ANSYS/LS-DYNA 软件开展数值模拟计算。首先，通过计算机模拟岩石冲击试验，介绍岩石动静组合加载试验以及数值模拟基本理论；其次，开展 RHT 本构模型及其参数确定研究；最后，分析三维静载下外部装置对岩石应力波波形的影响。

2.2　岩石动静组合加载试验以及数值模拟基本理论

2.2.1　动静组合加载试验装置及原理

分离式霍普金森压杆（SHPB）自发明以来，已被广泛运用于金属、岩石、混凝土等材料动态力学性质的研究。为了满足日益多元化的工程需求，对传统 SHPB 实验装置进行了一系列的改进后，研究轴向静应力、围压、三维静应力、高温等条件下的材料的动态力学性质已经成为可能。改进的 SHPB 冲击试验系统示意图如图 2-1 所示。其中，入射杆和透射杆均由合金钢制作而成，其弹性模量大小为 210 GPa，截面半径均为 25 mm，其中入射杆杆长为 2 000 mm，透射杆杆长为 1 500 mm。为了消除应力波传播过程中产生的波赫哈默尔—切瑞（Pochhammer-Chree）振荡现象，采用特制的纺锤形冲头撞击钢杆，以产生类似半正弦的应力波。围压加载装置和轴压加载装置相对独立，以便在冲击试验前对岩石试件施加不同程度的围压和轴压。激光测速仪是纺锤形冲头的动态测速设备，超动态应变仪为数据采集设备，示波器为数据显示设备。

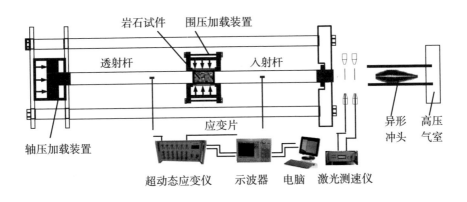

图 2-1　改进的 SHPB 冲击试验系统示意图

试验过程中，在氮气压力的作用下，纺锤形冲头在瞬间获得初始动能，进而与入射杆进行对心碰撞，此时入射杆端产生了应力脉冲。在一维应力波传播的条件下，应力脉冲在入射杆中以波速 C_e 进行传播，经过 L_e/C_e 的时间后（L_e 为入射杆的长度，C_e 为杆件波速，其大小为 5 400 m/s），传送到入射杆与岩石试件的界面 A_1，由于两者材料的波阻抗不同，应力波在界面发生透反射效应，反射部分将传送回入射杆，透射部分进入岩石试件，在透射杆与岩石试件的界面 A_2，再次发生透反射效应，如图 2-2 所示。由于岩石试件的长度较短，其应力脉冲在岩石中往返一次的时间间隔只需 $2L_s/C_s$（L_s、C_s 分别为岩石试件的长度和波速，波速大小为 2 414.4 m/s），通过几次透反射后，岩石试件及钢杆两端面的应力基本达到一致，利用示波器把入射波 $\sigma_I(t)$、反射波 $\sigma_R(t)$、透射波 $\sigma_T(t)$ 一起记录下来，即可得到应力波时域波形。

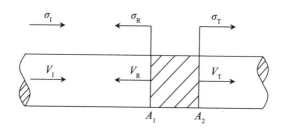

图 2-2　应力波在交界面上反透射示意图

根据界面 A_1 上的速率以及应力连续条件，同时考虑到岩石试件的波阻抗小于钢杆的波阻抗，反射波为拉伸波，则有

$$V_{sI} = V_I + V_R \qquad (2-1)$$

$$\sigma_{sI} A_s = (\sigma_I + \sigma_R) A_e \qquad (2-2)$$

又

$$\sigma = \rho C v \qquad (2-3)$$

故有

$$V_{sI} = (\sigma_I + \sigma_R)/(\rho_e C_e) \qquad (2-4)$$

$$\sigma_{sI} = (\sigma_I + \sigma_R) A_e / A_s \tag{2-5}$$

依据岩石冲击试验装置的应力均匀化条件，在多次透反射后，界面 A_1 和界面 A_2 的应力应变将趋于平衡，可以求得岩石试件的平均应力、应变和应变率随时间的变化，其具体表达式为

$$\left.\begin{aligned}
\sigma(t) &= \left[\sigma_I(t) - \sigma_R(t) + \sigma_T(t)\right] A_e / 2A_s \\
\varepsilon(t) &= \frac{1}{\rho_e C_e L_e} \int_0^\tau \left[\sigma_I(t) + \sigma_R(t) - \sigma_T(t)\right] dt \\
\dot{\varepsilon}(t) &= \frac{1}{\rho_e C_e L_e} \left[\sigma_I(t) + \sigma_R(t) - \sigma_T(t)\right]
\end{aligned}\right\} \tag{2-6}$$

式中：$\sigma_I(t)$、$\sigma_R(t)$ 和 $\sigma_T(t)$ 分别为某一时刻弹性钢杆上的入射应力、反射应力和透射应力，其中入射应力 $\sigma_I(t)$ 和透射应力 $\sigma_T(t)$ 均以压为正，而反射应力以拉为正；$\rho_e C_e$ 为弹性钢杆的波阻抗；τ 为应力波传播时间间隔；A_e、A_s 分别为弹性钢杆和岩石试件横截面的面积。

2.2.2　ANSYS/LS-DYNA 软件的基本算法

ANSYS 软件不仅拥有多种力学分析计算能力，从简单的静力分析到复杂的非线性模态分析都有涉及，还具有优化设计、后处理、二次开发等附加能力。1996 年，哈尔奎斯特（Hallquist）教授创建的利弗莫尔软件技术公司（LSTC）和安世（ANSYS）公司进行技术合作，推出了 ANSYS/LS-DYNA 软件，该软件结合了 ANSYS 的前后处理功能、统一的数据库与 LS-DYNA 求解器的强大的非线性分析功能。ANSYS/LS-DYNA 软件可以交替使用隐式求解和显式求解，在汽车模拟碰撞试验计算、有初始静载的结构动力分析等领域得到广泛应用。本书所述的岩石动静组合加载试验，就是利用该功能。与传统的显式求解相比，隐式算法和显式算法的联合应用不仅可以模拟更多类型的工程实际，而且可以明显提高软件的计算效率，大大节省了时间和成本。

1.显式时间积分算法

显式有限元方法的研究开发工作最早是由威尔金斯（Wilkins）教授在 1964 年开始展开的。1967 年，科斯坦蒂诺（Costantino）教授通过软件开发形成了显式有限元程序，并运用于 LS-DYNA 软件中。根据显式动力学有限元方法，离散化的结构动力学方程可总结为

$$M\ddot{x}(t) = P(t) - F(t) + H(t) - C\dot{x}(t) \qquad (2-7)$$

式中：M 为单位质量矩阵；$P(t)$、$F(t)$、$H(t)$ 分别为施加的载荷向量、材料的内力向量以及沙漏足量向量；C 为阻尼矩阵；$\ddot{x}(t)$ 和 $\dot{x}(t)$ 分别为单元节点的加速度向量以及单元节点的速度向量。材料内力向量和载荷向量可由以下两式计算得出：

$$F(t) = \sum_e \int_{V_e} B^{\mathrm{T}} \sigma \mathrm{d}V \qquad (2-8)$$

$$P(t) = \sum_e \left(\int_{V_e} N^{\mathrm{T}} f \mathrm{d}V + \int_{\partial b_{2e}} N^{\mathrm{T}} \bar{T} \mathrm{d}S \right) \qquad (2-9)$$

式中：f 为体力向量；$\bar{T}$ 为表面力向量；∂b_{2e} 为应力边界条件。

以上各式中的下标 e 表示各单元相应的量按总体自由度编号进行叠加，不应理解为简单的求和。

对于上述结构动力方程，LS-DYNA 主要采用显式中心差分方法求解，其基本递推公式如下：

$$\begin{cases} \ddot{x}(t_n) = M^{-1} \left[P(t_n) - F(t_n) + H(t_n) - C\dot{x}(t_{n-1/2}) \right] \\ \dot{x}(t_{n+1/2}) = \dot{x}(t_{n-1/2}) + \ddot{x}(t_n)(\Delta t_{n-1} + \Delta t_n)/2 \\ x(t_{n+1}) = x(t_n) + \dot{x}(t_{n+1/2}) \Delta t_n \end{cases} \qquad (2-10)$$

式中：$t_{(n-1)/2} = (t_n + t_{n-1})/2$，$t_{(n+1)/2} = (t_n + t_{n+1})/2$，$\Delta t_{n-1} = t_n - t_{n-1}$，$\Delta t_n = t_{n+1} - t_n$；$\ddot{x}(t_n)$、$\dot{x}(t_{(n+1)/2})$ 和 $x(t_{n+1})$ 依次为 t_n 时刻节点的加速度向量、$t_{(n+1)/2}$ 时刻节点的速度向量、t_{n+1} 时刻节点的位置坐标向量，其余参数的意义可

依此类推。

利用单位质量矩阵的非线性方程组具有解耦的性质，按照中心差分法计算时，并不需要计算方程总体的矩阵，也不需要进行方程平衡迭代的计算，利用之前时间步的计算结果，可得后期时间步的响应，因此该方法也是一种显式动力计算的方法。虽然显式计算方法无须迭代，但是该方法并不是条件稳定的，为保证后续计算的稳定性，有限元软件可采用变时间步长的积分法，各个时刻的积分步长由当前时刻的稳定性条件控制，积分的步长必须小于某个临界阈值。但一般情况下，积分步长往往取决于模型网格中最小单元的相关尺寸。

各种单元类型的临界积分步长可以表述为如下形式，即

$$\Delta t^{e} = \alpha\left(l^{e}/c\right) \tag{2-11}$$

式中：Δt^{e} 为计算单元 e 的临界步长；α 为时间步因子，缺省为 1.0；l^{e} 为单元 e 的尺寸大小；c 为纵波波速。

2. 沙漏变形及其控制

ANSYS/LS-DYNA 软件在计算中采用的是缩减积分的方法，容易引起所谓的沙漏变形，下面介绍沙漏的概念和控制沙漏的方法。

沙漏是一种零应变能变形模式，即单元的某些位移模态，不管时间积分公式如何变化，其应变能大小恒等于 0，从而在结构分析中引起振荡，甚至使计算无法进行。本章以有限元软件常用固体单元 SOLID164 为例，单元内任意点坐标和速度均可由空间形函数插值得到，形函数公式如下：

$$\varphi_{k}\left(\xi,\eta,\zeta\right) = \frac{1}{8}\left(1+\xi_{k}\xi\right)\left(1+\eta_{k}\eta\right)\left(1+\zeta_{k}\zeta\right) \tag{2-12}$$

单元内任意一点的速度可由节点速度进行插值得到，即

$$\dot{x}_{i}\left(\xi,\eta,\zeta,t\right) = \sum_{k=1}^{8}\varphi_{k}\left(\xi,\eta,\zeta\right)\dot{x}_{i}^{k}\left(t\right) \tag{2-13}$$

其表达式为

$$\dot{x}_i\left(\xi,\eta,\zeta,t\right)=$$

$$\frac{1}{8}\left(\Sigma^{\mathrm{T}}+\Lambda_1^{\mathrm{T}}\xi+\Lambda_2^{\mathrm{T}}\eta+\Lambda_3^{\mathrm{T}}\zeta+\Gamma_1^{\mathrm{T}}\xi\eta+\Gamma_2^{\mathrm{T}}\xi\zeta+\Gamma_3^{\mathrm{T}}\eta\zeta+\Gamma_4^{\mathrm{T}}\xi\eta\zeta\right)\left\{\dot{x}_i^k\left(t\right)\right\}\quad（2-14）$$

式中：各个单位矢量分别为不同的变形模式，其中 Σ 为节点的刚体平移矢量，Λ_1 为节点的拉压变形矢量，Λ_2、Λ_3 为节点的剪切变形矢量，Γ_1、Γ_2、Γ_3 和 Γ_4 分别为沙漏模型基矢量。各矢量可由各节点坐标计算得到，具体为

$$\Sigma=\begin{bmatrix} 1 & 1 & 1 & 1 & 1 & 1 & 1 & 1 \end{bmatrix}^{\mathrm{T}}\quad（2-15）$$

$$\Lambda_1=\begin{bmatrix} -1 & 1 & 1 & -1 & -1 & 1 & 1 & -1 \end{bmatrix}^{\mathrm{T}}\quad（2-16）$$

$$\Lambda_2=\begin{bmatrix} -1 & -1 & 1 & 1 & -1 & -1 & 1 & 1 \end{bmatrix}^{\mathrm{T}}\quad（2-17）$$

$$\Lambda_3=\begin{bmatrix} -1 & -1 & -1 & -1 & 1 & 1 & 1 & 1 \end{bmatrix}^{\mathrm{T}}\quad（2-18）$$

$$\Gamma_1=\begin{bmatrix} 1 & -1 & 1 & -1 & 1 & -1 & 1 & -1 \end{bmatrix}^{\mathrm{T}}\quad（2-19）$$

$$\Gamma_2=\begin{bmatrix} 1 & 1 & -1 & -1 & 1 & -1 & 1 & -1 \end{bmatrix}^{\mathrm{T}}\quad（2-20）$$

$$\Gamma_3=\begin{bmatrix} 1 & -1 & -1 & 1 & -1 & 1 & 1 & -1 \end{bmatrix}^{\mathrm{T}}\quad（2-21）$$

$$\Gamma_4=\begin{bmatrix} -1 & 1 & -1 & 1 & 1 & -1 & 1 & -1 \end{bmatrix}^{\mathrm{T}}\quad（2-22）$$

计算结构的内力向量所需应力增量 $\dot{\sigma}\Delta t$ 由应变率 $\dot{\varepsilon}$ 按本构关系计算，而应变率可由单元的速度场对坐标的导数表示，又由于单元速度场是由节点速度按形函数插值得到，因此需计算形函数关于坐标的导数。由于采用单点缩减积分，因此只需计算单元中心处的导数值：

$$\partial\varphi_k\big/\partial\xi\big|_{\xi=\eta=\zeta=0}=\frac{1}{8}\left(\Lambda_{1k}+\Gamma_{1k}\eta+\Gamma_{3k}\zeta+\Gamma_{4k}\eta\zeta\right)\big|_{\xi=\eta=\zeta=0}=\frac{1}{8}\Lambda_{1k}\quad（2-23）$$

$$\partial\varphi_k/\partial\eta\big|_{\xi=\eta=\zeta=0}=\frac{1}{8}\left(\Lambda_{2k}+\Gamma_{1k}\xi+\Gamma_{2k}\zeta+\Gamma_{4k}\xi\zeta\right)\big|_{\xi=\eta=\zeta=0}=\frac{1}{8}\Lambda_{2k} \quad(2-24)$$

$$\partial\varphi_k/\partial\zeta\big|_{\xi=\eta=\zeta=0}=\frac{1}{8}\left(\Lambda_{3k}+\Gamma_{2k}\eta+\Gamma_{3k}\xi+\Gamma_{4k}\xi\eta\right)\big|_{\xi=\eta=\zeta=0}=\frac{1}{8}\Lambda_{3k} \quad(2-25)$$

式中：Λ_{1k}、Λ_{2k}、Λ_{3k} 为向量 Λ_1、Λ_2、Λ_3 的第 k 个分量。

根据上述的导数表达式，在采用高斯积分计算时，沙漏模态就不能发挥作用，相应的变形能被消耗，因此沙漏模态又可称为零能模态。在动力响应分析中，沙漏模态将不受控制，导致出现计算结构的数值振荡现象，基于此，必须对沙漏变形进行控制。

ANSYS/LS-DYNA 采用增加沙漏阻尼的办法来控制沙漏，提供缺省算法（Standard）、弗拉纳根—贝利兹科（Flanagan-Belytschko）等黏性阻尼算法。下面以 Standard 算法为例，介绍其控制沙漏的计算方法。

在各个节点沿 x_i 轴方向引入的沙漏阻尼为

$$f_{ik}=-a_k\sum_{j=1}^{4}h_{ij}\Gamma_{ij} \quad(2-26)$$

式中：Γ_{ij} 为沙漏模态基矢量的分量，h_{ij} 可表示为

$$h_{ij}=\sum_{k=1}^{8}\dot{x}_i^k\Gamma_{jk} \quad(2-27)$$

系数 a_k 由下式计算：

$$a_k=Q_{\text{hg}}\rho V_{\text{e}}^{2/3}C/4 \quad(2-28)$$

式中：Q_{hg} 为指定常数（0.05 ～ 0.15）；C 为材料的声速（压缩波速度）；ρ 为材料密度。

3. 动态接触算法

ANSYS/LS-DYNA 主要采用基于目标面和接触面的动态接触算法。接触分析中可能发生接触的两个表面被称为目标面和接触面。在目标面上，对于平面单元，通常由 3 个或 4 个节点组成一个段；而对于体单元，通常由平面上的 3 个或 4 个节点组成一个段，如图 2-3 所示。

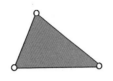 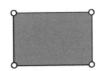 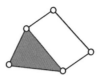

（a）平面单元的段　　　　　　　　　（b）体单元的段

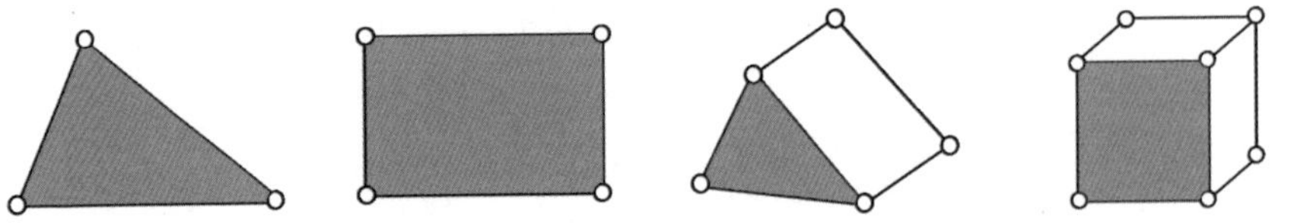

图 2-3　平面单元和体单元的段

ANSYS/LS-DYNA 有限元软件一般有三种不同的接触算法，分别为对称罚函数法、节点约束法以及分配参数法。程序默认的接触算法是对称罚函数法，其基本原理是在每一个时间步分别对从节点和主节点进行穿透检查。在该算法中，两个物体必须建立刚度关系，才能发生接触，若没有接触刚度，则两者将相互穿过。以从节点为例，若当前时间步发生了穿透，则在该从节点和被穿透面之间引入界面接触力 f_s，界面接触力 f_s 与接触面刚度成正比，即

$$f_s = k_i \Delta_i \qquad (2-29)$$

式中：Δ_i 为穿透量；k_i 为接触面刚度因子，其计算公式为

$$k_i = f K_i A_i^2 / V_i \qquad (2-30)$$

式中：f 为接触刚度因子，又可称为罚函数因子，其默认值为 0.1，其值可适当调整，但取值过大会造成计算不稳定；K_i、V_i 和 A_i 分别为接触段所在单元的体积模量、体积和接触段面积。

在从节点上施加界面接触力 f_s 后，根据力的相互作用原理，在主段的接触点上有一个反方向的力，其大小也为 f_s。将反作用力按形函数等效分配到主段的每个主节点上即可。对于有摩擦的情况，从节点施加界面接触力 f_s 后，其最大摩擦力为 $F_{y,\max} = \mu |f_s|$，其中 μ 为摩擦系数。根据上述原理，将其计算分配到对应主段的各个主节点即可。

若静摩擦系数为 μ_s，动摩擦系数为 μ_d，则利用指数插值函数将两者

平滑过渡：

$$\mu=\mu_{\mathrm{d}}+\left(\mu_{\mathrm{s}}-\mu_{\mathrm{d}}\right)\mathrm{e}^{-DC|V|} \tag{2-31}$$

式中：V 为接触表面之间的相对速度；DC 为衰减系数。

2.3　岩石动静组合加载试验的数值模拟

　　基于 ANSYS/LS-DYNA 模拟初始静载下岩石应力波传播试验，选取 ANSYS 中的 SOLID164 单元来建立冲头、入射杆、试件和透射杆的数值模型。其中，入射杆直径为 50 mm，长为 2 000 mm；透射杆直径为 50 mm，长为 1 500 mm；试件的直径为 50 mm，长为 50 mm，即长径比为 1.0。有限元模型均采用映射网格划分方式，具体划分情况如图 2-4 所示。

（a）冲头与入射杆接触位置　　（b）试件与压杆接触位置　　　（c）试件

图 2-4　有限元模型具体划分情况

　　冲头与入射杆之间的接触采用面面自动接触 ASTS（contact automatic surface to surface）；为了使应力波在入射杆、试件和透射杆之间更好地传播，将试件与杆件之间的接触设置为面面侵蚀接触 ESTS（contact eriding surface to surface），该接触方式的作用为当一个或两个单元的外表面在接触过程中发生材料失效时，允许与其余内部单元继续进行接触，防止实体单元表面产生失效贯穿现象。为减少沙漏效应，采用的接触算法为对称罚函数算法。研究表明，罚函数因子 K 的取值受材料、单元大小和接触面等条件的约束，对模拟计算结果的影响较大，本书采用的 K 值为 1.0。

2.3.1　HJC 模型

本章采用 HJC（Johnson Holmquist Concrete）模型，该模型可以准确描述岩石的非线性变形和断裂特性，主要应用于高应变率、大变形下的混凝土与岩石模拟。HJC 模型主要由三个方面组成：强度方程、状态方程、损伤演化方程。如图 2-5 所示（S_{max} 为归一化等效应力的最大值），HJC 模型强度方程如下：

$$\sigma^* = [A(1-D) + BP^{*N}](1 + C\ln\dot{\varepsilon}^*) \tag{2-32}$$

式中：$\sigma^* = \sigma/f_c'$ 为实际等效应力与静态屈服强度之比；$P^* = P/f_c'$ 为规范化压力；$\dot{\varepsilon}^* = \dot{\varepsilon}/\dot{\varepsilon}_0$ 为无量纲应变率；A 为标准化内聚力强度；B 为标准化压力硬化系数；N 为压力硬化指数；C 为应变率系数；D 为损伤量。

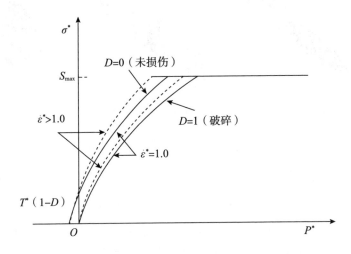

图 2-5　HJC 模型强度方程

HJC 模型状态方程（图 2-6）采用分段函数的形式表示材料静水压力 P（Pa）和体积应变 μ 之间的关系，其表达式如下：

$$P = \begin{cases} K\mu & (P \leqslant P_{\text{crush}}) \\ P_{\text{crush}} + K_{\text{lock}}(\mu - \mu_{\text{crush}}) & (P_{\text{crush}} < P < P_{\text{lock}}) \\ K_1\bar{\mu} + K_2\bar{\mu}^2 + K_3\bar{\mu}^3 & (P \geqslant P_{\text{lock}}) \end{cases} \quad (2-33)$$

$$K_{\text{lock}} = \frac{P_{\text{lock}} - P_{\text{crush}}}{\mu_{\text{plock}} - \mu_{\text{crush}}}; \bar{\mu} = \frac{\mu - \mu_{\text{lock}}}{1 + \mu_{\text{lock}}} \quad (2-34)$$

式中：K 为体积模量；K_{lock} 为压实体积模量；P_{crush} 为弹性极限压力；P_{lock} 为压实静水压力；μ_{plock} 为 P_{lock} 的体积应变；μ_{crush} 为弹性极限体积应变；$\bar{\mu}$ 为修正后的体积应变；K_1、K_2、K_3 为压力常数。

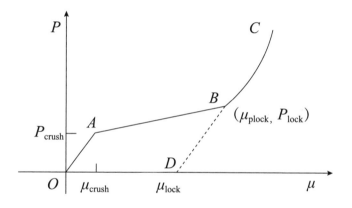

图 2-6　HJC 模型状态方程

由图 2-6 可知，该函数主要分为三个阶段：第一阶段（OA 段）为线弹性阶段，此时材料的静水压力 P 和体积应变 μ 满足线性关系；第二阶段（AB 段）为过渡阶段，该阶段材料开始出现裂纹，逐渐产生塑性变形，但未进入破碎阶段；第三阶段（BC 段）为压实阶段，该阶段材料已被完全压碎。在卸载段（BD 段）中，线性函数的斜率大小为 K_1。

HJC 模型损伤演化方程（图 2-7）采用等效塑性应变以及塑性体积应变的积累来描述，其表达式如下：

$$D = \sum \frac{\Delta\varepsilon_P + \Delta\mu_P}{\varepsilon_P^f + \mu_P^f} \qquad (2-35)$$

$$\varepsilon_P^f + \mu_P^f = D_1 \left(P^* + T^*\right)^{D_2} \geq EF_{min} \qquad (2-36)$$

式中：$\Delta\varepsilon_P$ 和 $\Delta\mu_P$ 分别为一个循环周期内的等效塑性应变以及塑性体积应变；$\varepsilon_P^f + \mu_P^f$ 为自然情况下材料破碎时的塑性应变；$T^* = T / f_c$ 为材料最大特征化的等效拉应力；T 为材料最大拉伸时的应力；D_1 和 D_2 分别为损伤参数；EF_{min} 为使材料断裂时的最小应变。

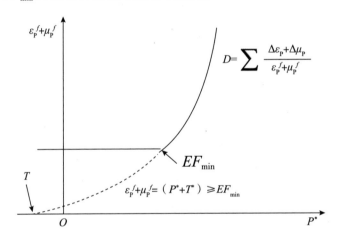

图 2-7　HJC 模型损伤演化方程

　　试验所用材料为红砂岩，其单轴抗压强度大约为 55 MPa。HJC 模型中材料参数具体如表 2-1 所示。由于 HJC 模型是损伤压缩模型，对岩石材料的拉伸损伤的模拟存在误差，故在计算 K 文件中加入 "ADD_EROSION" 关键字，即引入拉伸损伤失效准则。

表 2-1　红砂岩 HJC 模型参数

$\rho/(\mathrm{kg \cdot m^{-3}})$	G/GPa	A	B	C	N	S_{fmax}
2 416	5.67	0.32	1.76	0.012 7	0.79	7.0

D_1	D_2	$P_{\mathrm{c}}/\mathrm{MPa}$	μ_{c}	P_1/MPa	μ_1	T/MPa
0.045	1.0	18.33	0.034	800	0.08	4.60

K_1/GPa	K_2/GPa	K_3/GPa	$f_{\mathrm{c}}/\mathrm{MPa}$	$\varepsilon_{\mathrm{fmin}}$	$\dot{\varepsilon}_0$	F_{s}
81	−91	89	55	0.01	1.00	1.34

2.3.2　动静组合加载的数值实现

实现初始应力的加载主要有两种方法。

一种是隐式分析转显式分析的求解，ANSYS 隐式求解主要解决材料静力学的问题，而 LS-DYNA 显式求解主要应用于材料动力学的问题。该方法首先在 ANSYS 前处理模块中建立数值模型，施加初始静载并进行隐式分析计算；然后将结果保存，通过单元转化，将其转入 LS-DYNA 显式动力分析，从而实现初始应力的施加。另一种是显式动力松弛法，该方法首先通过关键字"DEFINE_CURVE"来定义初始静载荷曲线，载荷曲线从零开始定义，在规定时间内达到所需值；然后载荷大小保持稳定，静载荷作用时间要大于动载荷作用时间。该方法作用的关键在于其收敛性，主要通过模型变形运动的能量来判断。

如图 2-8 所示，岩石动静组合加载是指岩石在受到动载荷之前，就已处在初始静应力状态中，即在数值模拟中要考虑初始静应力的加载。

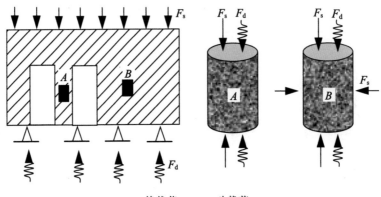

F_s—静载荷；F_d—动载荷

图 2-8   岩石动静组合加载示意图

考虑到显式动力松弛法中岩石动静组合加载的模拟需要较多的隐式分析，其收敛性不高，且无法确定初始应力是否会影响系统的动力，因此模拟选用隐式分析转显式分析的求解，具体实现步骤如下：

（1）建立动载组合加载的有限元模型，并合理划分好网格。为了使显式求解和隐式求解准确衔接，选用隐式分析和显式分析相匹配的单元，故模型中各部件均采用 SOLID185 单元，该类型单元适用于隐式分析。

（2）对模型施加各类载荷和约束，求解隐式部分并保存相关文件，使模型得到初始静应力的加载。

（3）将隐式求解的结果以重构文本（RST）格式的形式传输到 LS-DYNA 显式动力分析中，并改变显式分析的文件名。

（4）在显式分析中，修改相应的单元、材料常数等，并删去在隐式分析中的多余约束。

（5）将静力计算结果写入动力松弛文件，通过该文件实现有限元模型的静力学初始化。

（6）显式动力求解中施加相关的载荷，并求解显式部分，得到模拟实验结果。

2.3.3　模拟结果及其与试验结果的对比

根据应力波传播的原理，当一维应力波传播到岩石试件的入射面时，由于弹性杆与岩石试件的波阻抗（材料密度 ρ 和其纵波波速 C 的乘积，即 ρC）不匹配，因而发生应力波的透反射效应。入射波的一部分将以透射波的形态进入岩石试件并传播；另一部分将反射到入射杆中，形成反射波。同理，应力波穿过岩石试件，在透射杆中形成透射波。ANSYS/LS-DYNA 可以采集杆件上任意点的应力应变随时间的变化关系，并清晰地展示岩石试件在某一时间点的损伤变形情况。为了检验模拟结果的准确性，本章引用室内试验的应力波波形数据，与模拟结果进行比对。其中，应力波波形选取点与实际试验应变片所在位置相同。

数值模拟和室内试验模拟在不同轴压工况下岩石的应力波波形如图 2-9 所示，无静载下岩石破坏情况比较如图 2-10 所示，三维静载下岩石破坏情况比较如图 2-11 所示。

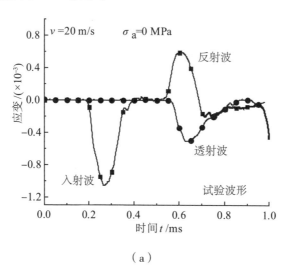

（a）

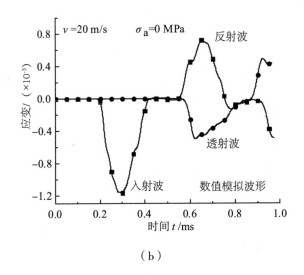

（b）

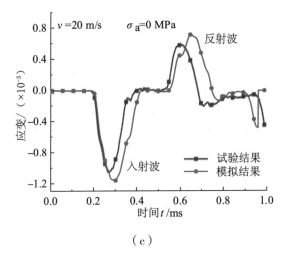

（c）

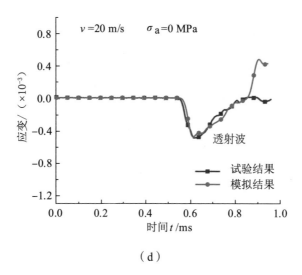

（d）

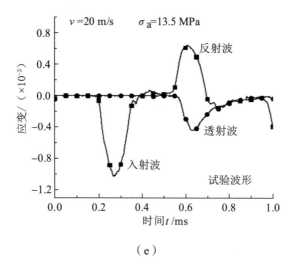

（e）

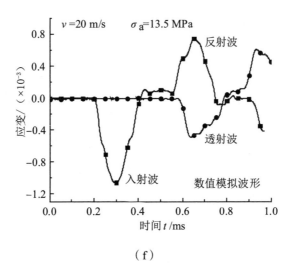

（f）

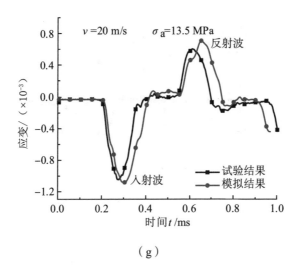

（g）

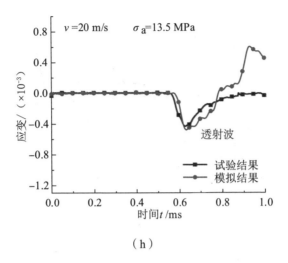

（h）

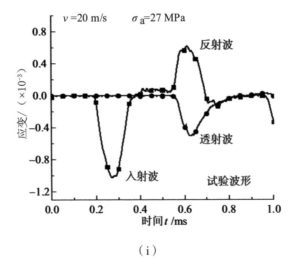

（i）

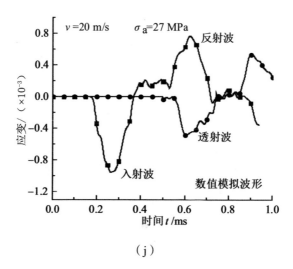

（j）

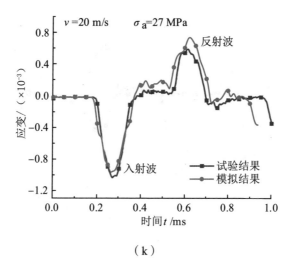

（k）

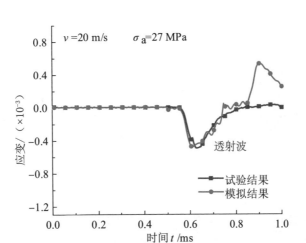

（1）

图 2-9　不同轴压下岩石应力波波形比较

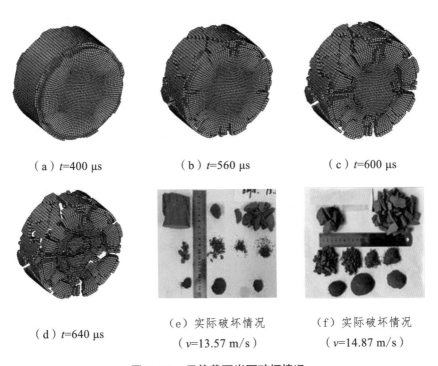

（a）t=400 μs　　　　　（b）t=560 μs　　　　　（c）t=600 μs

（d）t=640 μs　　　　（e）实际破坏情况　　　　（f）实际破坏情况
　　　　　　　　　　　　（v=13.57 m/s）　　　　（v=14.87 m/s）

图 2-10　无静载下岩石破坏情况

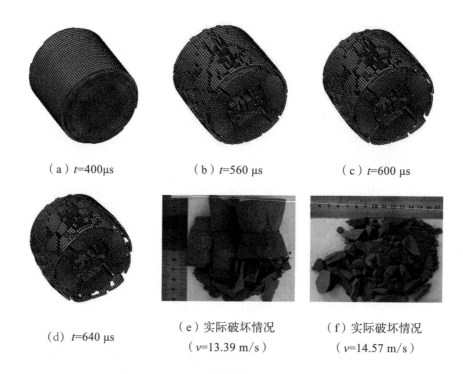

（a）t=400μs （b）t=560μs （c）t=600μs

（d）t=640μs

（e）实际破坏情况
（v=13.39 m/s）

（f）实际破坏情况
（v=14.57 m/s）

图2-11　三维静载下岩石破坏情况

由图2-9～图2-11可知，数值模拟试验和室内试验的应力波波形大致相同，均为类似半正弦波；数值模拟结果中，具有静应力作用的波形与没有静应力作用的波形差异较大，说明初始静应力对红砂岩的应力波波形具有重要影响，这与室内试验结果较为一致。在模拟试验和室内试验中，压杆和试样均受到了初始静载的作用，使得压杆和试样在冲击前就受到了压应力，即在试验中应力波的首端应处于"0"刻度线以下。在后期数据处理时，为了便于对比波形，去除初始静应变，使波形整体上移，应力波的首端归于"0"刻度线。模拟破坏结果与实际试验结果较为相似。在无初始静应力的模拟冲击试验中，岩石的破坏模式为劈裂破坏，在破坏过程中出现了留芯现象，即岩石的外围先出现裂纹，主体部分较为完整且裂纹较少，随着冲击能量的增大，裂纹逐渐向岩石轴心靠近，最后完全破坏。在三维静应力的模拟冲击试验中，岩石的破坏模式仍为劈裂破坏，岩石破坏过程也较为相似，破坏趋势均由岩石外围边缘向轴心发展。其中，岩石主体部分呈现沙漏形或者"X"形共轭体。

同时，两类波形主要存在两个方面的差异：一方面，模拟试验波形的波宽和入射波幅值均较大，这是由于室内试验中冲头的速度是通过固定高压气室内气压和冲头推入发射管的位置所确定的，而实际试验会不可避免地受到摩擦和空气阻力的影响，导致冲头的动能受到损耗，其实际动能大小往往会小于给定值；另一方面，模拟试验中入射波卸载尾端明显高于室内试验，分析其原因可知，室内动静组合加载装置处在一个固定的钢架之中，当应力波在杆件中传播时，钢架对杆件的伸缩具有很强的约束性。

2.4　RHT 本构模型及其参数的确定

在数值模拟中，岩石材料本构模型的合理确定是保证模拟试验成果准确的关键，也是岩石动态力学数值模拟的重点问题。在岩石动静组合加载模拟中，较为常见的本构模型有 HJC 模型和 RHT 模型。HJC 模型不能准确地表征材料在低应力下的动态力学特性，因此在岩石动静组合加载的模拟运用中存在一定的局限性。RHT 模型是在 HJC 模型的基础上提出的，在岩石动力学模拟试验中，不仅可以获得非常好的模拟效果，而且可适用于大多数岩石力学模拟试验。但该模型与 HJC 模型相比更为复杂，它在后者基础上引入了三个极限面方程，使得模型的参数量增多，参数确定也更加困难。本节利用理论推导、试验研究和数值模拟等研究手段，对 RHT 模型的参数进行确定；同时，基于动静组合加载模拟试验，利用多元回归方程对 RHT 模型的部分难以推导的参数进行敏感度验证分析。

2.4.1　RHT 本构模型

RHT 本构模型在 HJC 模型的基础上引入了三个极限面方程，即失效面方程、弹性极限面方程和残余强度面方程，这三个方程分别描述混凝土在冲击载荷作用下失效强度、屈服强度和残余强度与静水压的关系。

如图 2-12 所示，RHT 本构模型主要分为三个阶段，分别为线弹性阶段（$\bar{\sigma} \leqslant \sigma_{\text{elastic}}$）、线性强化阶段（$\sigma_{\text{elastic}} \leqslant \bar{\sigma} \leqslant \sigma_{\text{fail}}$）和损伤软化阶段（$\bar{\sigma} \geqslant \sigma_{\text{fail}}$）。其中，$\bar{\sigma}$ 为等效应力，σ_{elastic} 为弹性极限应力，σ_{fail} 为失效应力，σ_{residual} 为残余应力，这三个应力—应变阶段分别对应上述三个极限面方程。

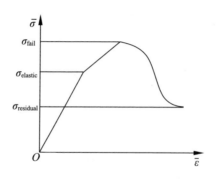

图 2-12　RHT 本构模型示意图

2.4.2　失效面方程

在确定应力状态和应变率的情况下，为了消除混凝土的强度等级，RHT 本构模型对压力 p^*、罗德角 θ 及应变率 $\dot{\varepsilon}$ 进行归一化处理，故失效面等效应力强度 σ_{fail} 方程如下：

$$\sigma_{\text{fail}}^*\left(p^*, \theta, \dot{\varepsilon}\right) = Y_{\text{TXC}}^*\left(p^*\right) \cdot R_3\left(\theta\right) \cdot F_{\text{rate}}\left(\dot{\varepsilon}\right) \tag{2-37}$$

式中：$\sigma_{\text{TXC}}^*\left(p^*\right)$ 为压缩子午线等效应力，其表达式为

$$Y_{\text{TXC}}^*\left(p^*\right)=A[p^*-p_{\text{spall}}^*F_{\text{rate}}\left(\dot{\varepsilon}\right)]^N \tag{2-38}$$

式中：$F_{\text{rate}}\left(\dot{\varepsilon}\right)$ 为动态应变率增强因子，该函数为静态破坏面提供了相应的动力放大系数，其表达式为

$$F_{\text{rate}}\left(\dot{\varepsilon}\right)=\begin{cases}\left(\dfrac{\dot{\varepsilon}}{\dot{\varepsilon}_0^{\text{c}}}\right)^{\beta_{\text{c}}} & \beta_{\text{c}}=\dfrac{4}{20+3f_{\text{c}}} & p^*\geqslant f_{\text{c}}/3\\[4mm]\left(\dfrac{\dot{\varepsilon}}{\dot{\varepsilon}_0^{\text{t}}}\right)^{\beta_{\text{t}}} & \beta_{\text{t}}=\dfrac{2}{20+f_{\text{c}}} & p^*\leqslant -f_{\text{t}}/3\end{cases} \tag{2-39}$$

式中：$\dot{\varepsilon}_0^{\text{c}}=30\times10^{-6}$；$\dot{\varepsilon}_0^{\text{t}}=3\times10^{-6}$；$f_{\text{c}}$ 为单轴抗压强度；f_{t} 为单轴抗拉强度；β_{c}、β_{t} 为压缩应变率指数。当 $-f_{\text{c}}/3<p<f_{\text{c}}/3$ 时，$F_{\text{rate}}\left(\dot{\varepsilon}\right)$ 采用内插法取值。

设 $R_3\left(\theta\right)$ 为罗德角因子，主要用于描述失效面子午线失效压缩强度的折减，其中 θ 是罗德角，是主应力空间中第一主应力和偏应力分量的夹角。其表达式如下：

$$R_3\left(\theta\right)=\frac{\lambda+\left(2Q_2-1\right)\cdot\sqrt{2\lambda+5Q_2^2-4Q_2}}{2\lambda+\left(1-2Q_2^2\right)^2} \tag{2-40}$$

$$\lambda=2\left(1-Q_2^2\right)\cdot\cos\theta \tag{2-41}$$

$$\theta=\frac{1}{3}\arccos\left(\frac{3\sqrt{3}J_3}{2J_2^{3/2}}\right),\theta\in\left[0,\pi/3\right] \tag{2-42}$$

$$Q_2=r_{\text{t}}/r_{\text{c}}=Q_2^*+B_Q P^* \tag{2-43}$$

式中：$p_{\text{spall}}^*=p_{\text{spall}}/f_{\text{c}}$ 为归一化层裂强度；r_{t}、r_{c} 分别为拉、压子午线处偏应力；A、N、Q_2^* 为材料常数；B_Q 为压力影响系数。

2.4.3 弹性极限面方程

材料的弹性极限面等效应力是由失效面等效应力推导而来，即

$$\sigma^*_{\text{elastic}}\left(p^*,\theta,\dot{\varepsilon}\right)=\sigma^*_{\text{fail}}\cdot F_{\text{elastic}}\cdot F_{\text{cap}}\left(p^*\right) \qquad (2\text{-}44)$$

式中：F_{elastic} 为弹性缩放函数，其表达式为

$$F_{\text{elastic}}=\begin{cases} f_{\text{c,el}}\big/f_{\text{c}} & \left(p\geqslant f_{\text{c,el}}/3\right) \\ f_{\text{t,el}}\big/f_{\text{t}} & \left(p\leqslant -f_{\text{t,el}}/3\right) \end{cases} \qquad (2\text{-}45)$$

式中：$f_{\text{c,el}}$ 和 $f_{\text{t,el}}$ 分别为材料单轴压缩和拉伸的弹性极限，当 $-f_{\text{t,el}}/3 < p < f_{\text{c,el}}/3$ 时，F_{elastic} 采用内插法取值。

为了控制材料在高压力时的弹性极限应力，模型引入"盖帽函数" $F_{\text{cap}}\left(p^*\right)$，其表达式如下：

$$F_{\text{cap}}\left(p^*\right)=\begin{cases} 1 & p\leqslant p_{\text{u}}=f_{\text{c}}/3 \\ \sqrt{1-\left(\dfrac{p-p_{\text{u}}}{p_0-p_{\text{u}}}\right)^2} & p_{\text{u}}<p<p_0 \\ 0 & p\geqslant p_0=p_{\text{el}} \end{cases} \qquad (2\text{-}46)$$

式中：p_0 为材料孔隙开始压缩时的压力。

2.4.4 残余强度面方程

当等效应力超过失效应力时，材料开始累积损伤，该模型的损伤变量 D 的定义为

$$D=\sum\frac{\Delta\varepsilon_{\text{p}}}{\varepsilon_{\text{p}}^{\text{failure}}}=\sum\frac{\Delta\varepsilon_{\text{p}}}{D_1\left(p^*-p^*_{\text{spall}}\right)^{D_2}}\geqslant\varepsilon_{\text{f,min}} \qquad (2\text{-}47)$$

式中：$\Delta\varepsilon_{\text{p}}$ 为等效塑性应变增量；D_1 和 D_2 为材料参数；$\varepsilon_{\text{f,min}}$ 为材料破坏时的最小等效塑性应变。

当材料受到较大作用力而被破坏时，由于破坏部分之间存在摩擦作用，该材料仍能承受一定的作用力。基于此，RHT 本构模型中引入残余强度面，其表达式为

$$\sigma_{\text{residual}}^{*}=B\left(p^{*}\right)^{M} \tag{2-48}$$

式中：B、M 为材料参数。

失效应力面与残余应力面间的等效应力强度 σ_{damage} 为

$$\sigma_{\text{damage}}=\left(1-D\right)\sigma_{\text{failure}}+D\sigma_{\text{residual}} \tag{2-49}$$

2.4.5　p-α 状态方程

当岩石、混凝土等材料受到载荷作用时，其内部孔隙随着压力 p 和内能 e 的变化而变化。基于此，在 RHT 本构模型中，材料初始孔隙度定义为材料初始状态的密度 ρ_0 与压缩密实状态的材料密度 ρ 之比，即 $\alpha_0=\rho_0/\rho$。p-α 状态方程是孔隙度 α_0 与压力 p 和内能 e 的表达式函数，其表达式如下：

$$p = A_1\mu + A_2\mu^2 + A_3\mu^3 +\left(B_0 + B_1\mu\right)\rho_0 e \qquad \mu > 0 \tag{2-50}$$

$$p = T_1\mu + T_2\mu^2 + B_0\rho_0 e \qquad \mu < 0 \tag{2-51}$$

式中：$\mu=\alpha_0-1$；A_1、A_2、A_3 和 T_1、T_2 为状态方程参数；$\mu > 0$ 为压缩状态，$\mu < 0$ 为拉伸状态。

2.4.6　RHT 模型参数的确定

RHT 模型中关于红砂岩的基本物理参数，可通过静力学、波速测定以及质量测定等试验所测得。其中，通过电子秤和钢尺测量并计算可得到红砂岩材料的密度 ρ_0，利用纽迈 NM-60 型核磁共振实验系统可测得红砂岩的初始孔隙度 α_0。

1. 红砂岩单轴抗压试验

为了得到红砂岩的单轴抗压强度、弹性模量以及泊松比，将岩石试

件加工成直径为 50 mm、高为 50 mm 的标准圆柱体试件，如图 2-13 所示。试件两端打磨至平整度误差在 0.02 mm 以内，且表面光滑无裂纹。利用 RMT-150C 型岩石力学试验系统对红砂岩试件进行单轴抗压试验，试验设备如图 2-14 所示。该系统以轴向变形 0.002 mm/s 的速率加载，直至岩石破坏，岩石静态单轴压缩应力—应变曲线如图 2-15 所示。

图 2-13　红砂岩试件尺寸

图 2-14　RMT-150C 型岩石力学试验系统

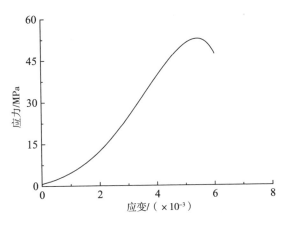

图 2-15　岩石静态单轴压缩应力—应变曲线

2. 红砂岩纵波波速测试试验

试验主要采用表面直透法测试红砂岩试件的纵波波速，所用红砂岩试件尺寸与上述单轴抗压试验相同。试验设备采用如图 2-16 所示的江西理工大学土木与测绘工程学院的 RSM-SY5（T）非金属声波检测仪。试验中，将岩石试件两端涂抹黄油来保证与接触器的充分耦合。测试开始后，仪器可测得声波在岩石两端传播的时间差，用岩石试件的高度除以该时间差，即可得岩石的纵波波速。

图 2-16　RSM-SY5（T）非金属声波检测仪

通过上述相关试验，可测得红砂岩的密度 ρ_0、单轴抗压强度 f_c、孔隙度 α_0、纵波波速 C_p、弹性模量 E、泊松比 ν，如表 2-2 所示。根据理

论计算可得参数 A_1、A_2、A_3、B_0、B_1、T_1、T_2、p_e、G、β_c、β_t，如表 2-3 所示；其他默认参数包括初始压缩应变率 $\dot{\varepsilon}_0^c$、初始拉伸应变率 $\dot{\varepsilon}_0^t$、失效面压缩应变率 $\dot{\varepsilon}^c$、失效面拉伸应变率 $\dot{\varepsilon}^t$、损伤方程系数 D_2，如表 2-4 所示。

表 2-2　红砂岩基本物理参数

参数	密度 ρ_0	单轴抗压强度 f_c	孔隙度 α_0	纵波波速 C_p	弹性模量 E	泊松比 ν
数 值	2 388 kg/m³	52.7 MPa	1.068	2 414.4 m/s	13.92 GPa	0.26

表 2-3　RHT 模型理论计算参数

参数名称	A_1	A_2	A_3	T_1	G	β_t
计算值	13.92 GPa	23.39 GPa	14.29 GPa	13.92 GPa	5.52 GPa	0.027 51
参数名称	T_2	B_0	B_1	p_e	β_c	
计算值	0	1.68	1.68	17.57 MPa	0.022 46	

表 2-4　RHT 模型理论默认参数

参数名称	$\dot{\varepsilon}_0^c$	$\dot{\varepsilon}_0^t$	$\dot{\varepsilon}^c$	$\dot{\varepsilon}^t$	D_2	B	g_t^*
试验值	3.0×10^{-8}	3.0×10^{-9}	3.0×10^{22}	3.0×10^{22}	1	0.010 5	0.7

对于未定参数，可先选用 RHT 混凝土模型相关参数作为其基准值，并设置该参数变化范围为基准值的 $-50\% \sim 50\%$，所有未定参数的取值范围如表 2-5 所示。

表 2-5　红砂岩 RHT 模型未定参数取值范围

参数	取值范围	参数	取值范围
A	$0.8 \sim 2.4$	f_s^*	$0.15 \sim 0.45$
Q_0	$0.34 \sim 1.02$	ξ	$0.25 \sim 0.75$
ε_p^m	$0.005 \sim 0.015$	n_f	$0.3 \sim 0.9$
N	$2.0 \sim 6.0$	f_t^*	$0.05 \sim 0.15$
g_c^*	$0.265 \sim 0.795$	D_1	$0.02 \sim 0.06$
A_f	$0.8 \sim 2.4$	n	$0.305 \sim 0.915$
p_{comp}	$0.3 \sim 0.9$		

2.4.7　RHT 模型参数敏感性分析

为了比较清晰地比较各个参数的交互效应，选取压缩屈服面参数 g_c^*、剪切模量衰减系数 ξ、拉压子午比参数 Q_0、失效面参数 A、失效面指数 N、剪压强度比 f_s^* 这 6 个参数进行敏感性分析，因为这些参数的变化对参数指标的影响较大，便于交互效应分析。如图 2-17 所示，将参数两两组合，将其中一个参数设为目标参数，另一个设为影响参数，分析不同水平的影响参数对目标参数评价指标的交互效应。将评价指标随目标参数的变化关系进行二次函数拟合，一方面可体现两者的变化规律，另一方面可选出模拟效果最佳的参数取值。由于篇幅有限，本章仅列举部分组合的交互效应。如图 2-17（a）、（b）、（g）、（h）所示，当以应力—应变曲线相关度为评价指标时，参数 g_c^* 和 ξ、g_c^* 和 Q_0、N 和 f_s^* 这三个参数组合的交互效应均不明显，而参数 A 和 N 这一组合有一定的交互效应。如图 2-17（c）、（d）、（i）、（j）所示，当以应力波波宽差异率为评价指标时，参数 g_c^* 和 ξ、N 和 f_s^* 这两个参数组合的交互效应不明显，而参数 A 和 N、g_c^* 和 Q_0 这两个组合有一定的交互效应。如图 2-17（e）、（f）、（k）、（l）所示，当以应力波幅值差异率为评价指标时，参数 g_c^* 和 ξ、g_c^* 和 Q_0 这两个参数组合的交互效应不明显，而参数 A 和 N、N 和 f_s^* 这两个参数组合的交互效应较为明显。

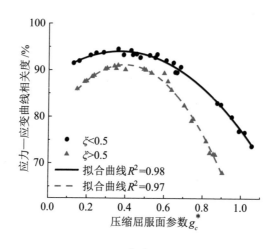

（a）

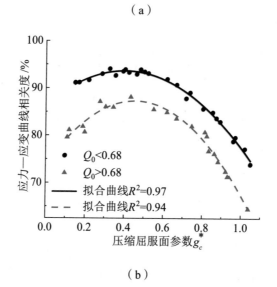

（b）

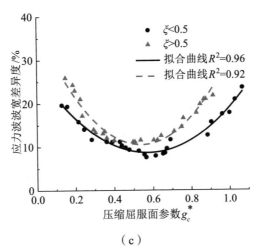

（c）

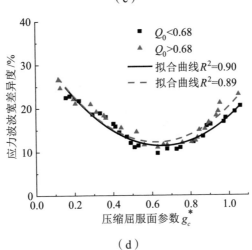

（d）

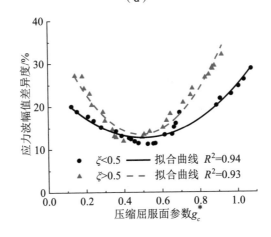

（e）

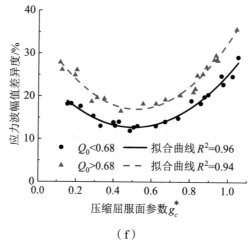

（f）

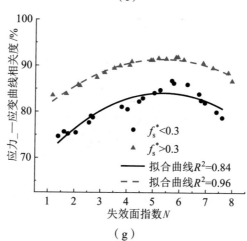

（g）

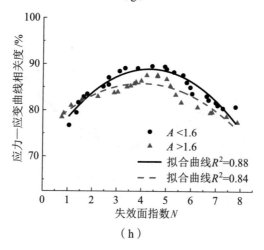

（h）

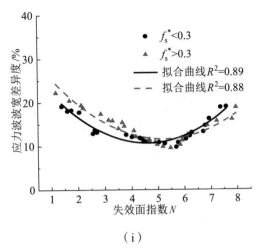

（i）

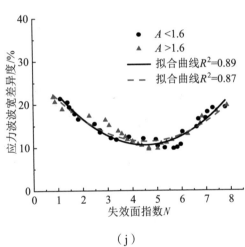

（j）

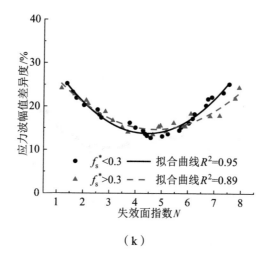

（k）

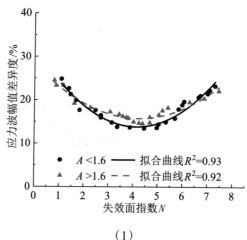

（l）

图 2-17　部分参数组合对不同评价指标的交互效应图

　　（a）、（b）、（g）、（h）：响应量为应力—应变曲线相关度；（c）、（d）、（i）、（j）：响应量为波宽差异度；（e）、（f）、（k）、（l）：响应量为幅值差异度。

　　当未定参数的交互效应较弱时，可考虑其主效应影响。为了定量地描述未定参数的主效应，将上述试验样本中的参数变量作为自变量，3个参数评价指标作为因变量，进行多元回归分析，得到各个参数在不同水平下对评价指标的变化规律，各阶多元回归模型计算结果如图 2-18

所示。图 2-18 中的斜对角线表示实际值与回归模型预测值相等的情况，预测点离对角线越近，则模型的拟合优度越好。

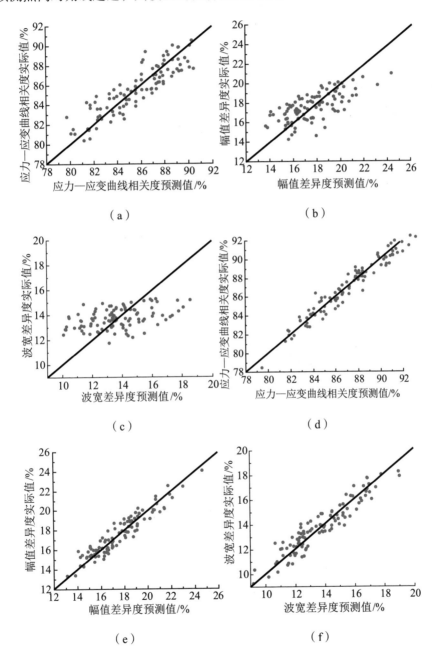

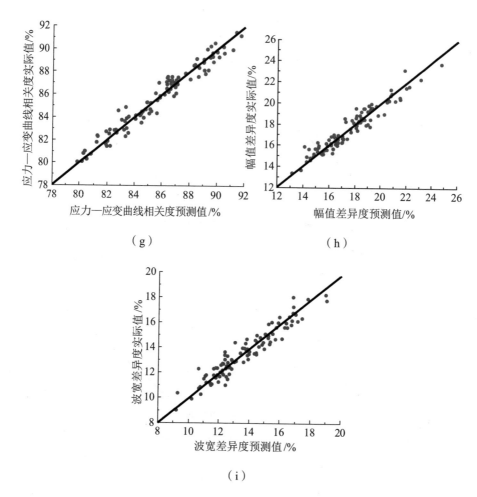

（g）　　　　　　　　　　　　　　（h）

（i）

图 2-18　各阶回归模型参数评价指标的拟合效果

（a）、（b）、（c）：一阶模型；（d）、（e）、（f）：二阶模型；（g）、（h）、（i）：三阶模型。

2.4.8　HJC 模型和 RHT 模型结果对比

将红砂岩 RHT 模型与 HJC 模型的相关模拟试验数据进行对比分析，利用这两种模型所得模拟应力波波形以及实际试验所得应力波波形如图 2-19 所示，其试验工况如下：围压为 4 MPa、轴压为 13.5 MPa、冲击速度为 20 m/s。由图 2-19 可知，由 RHT 模型所得的模拟应力波波形与试验波形的吻合度明显优于 HJC 模型。

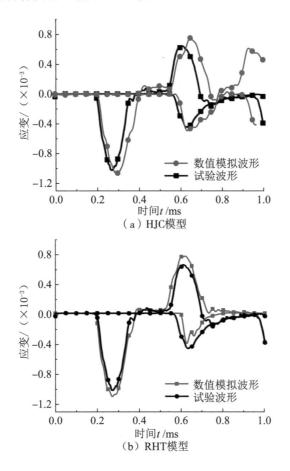

图 2-19　HJC 模型和 RHT 模型模拟应力波波形对比

利用三波法将应力波转化为岩石的应力—应变曲线，如图 2-20 所示。由图 2-20 可知，由 RHT 模型所得的模拟应力—应变曲线与试验应力—应变曲线的吻合度明显优于 HJC 模型。同时，两类模型所得的岩石破坏云图的差异性较小。

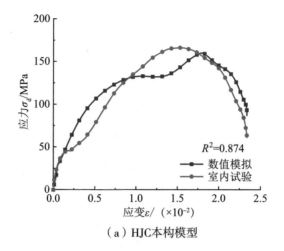

（a）HJC本构模型

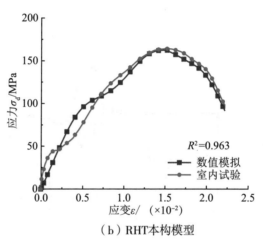

（b）RHT本构模型

图 2-20　HJC 模型和 RHT 模型模拟应力—应变曲线对比

2.5　三维静载下外部装置对岩石应力波波形的影响

应力波传播规律是岩石动力学领域的研究重点，而动静组合加载试验是研究深部岩石（体）应力波传播规律的重要手段。通过静应力下岩石冲击试验可以直接获得应力波随时间变化的关系曲线，即应力波波形。

根据力的相互作用原理以及动静组合加载试验装置特点，在冲击过程中，外部装置与杆件会产生相互作用力，引起应力波波形的变化，尤其是在初始静应力发生作用时，这种变化更为剧烈。基于此，本节针对岩石冲击过程中外部装置对应力波波形的影响开展研究。

2.5.1　计算模型的建立

在实际冲击试验过程中，入射杆和纺锤形冲头之间由端帽相连（如图 2-21 所示），端帽镶嵌在外部装置的钢板中。在模型建立时，端帽构件和端帽与钢板之间的镶嵌设计并非难以建立，但相较其他构件，端帽和镶嵌设计外形小且不规则，若采用自由网格划分，不仅无法准确还原实际效果，还会因为网格划分较密而影响计算效率和准确性。因此，本节在外部装置模型建立中去除端帽构件，将钢板的洞口半径设置为 20 mm（入射杆半径为 25 mm），如图 2-22 所示。如此设计既能使冲头撞击到入射杆，又能使入射杆与钢板之间有良好的接触。同时，在实际试验中，轴压加载装置一般在外部钢架的尾部与钢板相接。该装置不仅能够为杆件和岩石试件提供轴压，还能在冲击试验过程中起到良好的缓冲作用。而在有限元模型建立中，该装置只起到缓冲作用，其半径设置为 75 mm。

图 2-21　实际轴压加载装置及端帽

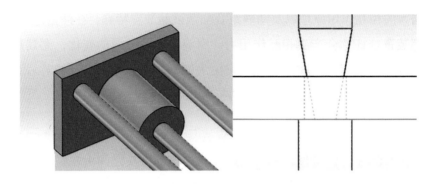

图 2-22　透射杆与外部装置以及设计入射杆与冲头的接触模型

　　为了保证模拟计算的准确性，同时提高计算效率，在建立有限元模型时，移去外部装置下的底座，外部装置的钢杆与钢板之间均设置刚结点。在 SolidWork 软件中模型建立完成后，将其保存为后缀为 .x_s 格式的文件，并导入 ANSYS/LS-DYNA 软件中，通过命令流 /FACET，NORML 即可形成有限元模型，如图 2-23 所示。网格划分如图 2-24 所示，其中入射杆沿长度方向划分 100 份，径向划分 16 份，其单元总数为 19 200；透射杆沿长度方向划分 75 份，径向划分 16 份，其单元总数为 14 400 份；试件沿长度方向划分 25 份，径向划分 16 份，其单元总数为 4 800 份；纺锤形冲头和外部装置均为不规则的立体模型，两者均采用自由网格划分法（SMARTSIZE）。其中，使用纺锤形冲头的目的是实现半正弦波的加载，其网格划分更加精细，共划分 19 292 份；外部装置的存在目的是研究其对冲击试验的约束作用，无须精细划分，共划分 48 726 份。

图 2-23　岩石动静组合加载装置有限元模型

 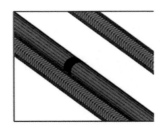 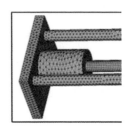

（a）冲头、入射杆和钢架　　（b）岩石试件与杆件　　（c）透射杆和钢架

图 2-24　模型网格划分细节图

纺锤形冲头与入射杆之间的接触、入射杆与岩石试件之间的接触和岩石试件与透射杆之间的接触均采用如前所述的面面接触法，其罚函数因子为 1.0。而对于杆件与外部装置的接触，考虑到两者接触的非对称性以及接触计算的效率，本书将透射杆与缓冲装置之间的接触和入射杆与钢板之间的接触设置为点面接触。

2.5.2　初始静载和约束的施加

对于岩石动静组合加载试验中的初始静应力和构件约束的施加，采用隐式静力分析转显式动力分析的方法，分两步进行。

第一步，在隐式分析中，由于不考虑动力因素，纺锤形冲头不参与静力分析，故将其两端进行固定约束；由于在显式分析中设置模型接触，隐式分析中各构件的预应力加载应单独考虑。其中，入射杆和透射杆的加载方式均为一段加静载、另一端加固定约束；而对于岩石试件模型，考虑到三维静载的施加，其加载方式为一段加轴压，曲面加围压，另一端加固定约束；外部装置在建模中除去了底座，因此在两侧钢板底部均施加固定约束，同时在缓冲装置的圆面上施加静载，其大小为杆件的静载的 1/9。第二步，在显式分析中，要进行两个方面的修改：一方面，要保留隐式分析中静载产生的初始应变；另一方面，要解除隐式分析中施加的约束，同时重新在外部装置的钢板下部施加固定约束，并通过相关命令流或 LS-DYNA 选项设置动力条件，进行模拟冲击试验。

2.5.3 无初始静载下外部装置对岩石应力波波形的影响

首先考虑无初始应力的情况下外部装置对岩石应力波波形的影响，根据一维应力波传播规律的相关理论，岩石试件的波阻抗和杆件的波阻抗不同，应力波传播到入射杆和岩石试件的交界面时会发生透反射效应，导致应力波波形发生改变。基于此，本节将按照有无岩石试件这两类情况，分别进行研究分析。本节通过对冲击试验的数值模拟，利用后处理软件，分别在入射杆和透射杆的中点选取相应的数据，得到应力波波形（即应变随时间的变化关系），然后通过波形比对，分析外部装置的影响。

无岩石试件下杆件的应力波波形如图 2-25 所示。为了便于分析，图 2-25 中纵坐标为负值时，其波形表示压缩波；纵坐标为正值时，其波形表示拉伸波。可以看出，无论外部装置是否存在，入射波波形和反射波波形均无明显变化，其中反射波幅值较小。同时，外部装置对透射波波形的影响较大，无外部装置时，透射波类似于上下起伏的简谐波，即压缩波和拉伸波相互转化；而有外部装置时，透射波为连续的压缩波，并且压缩波的幅值随时间而减小。

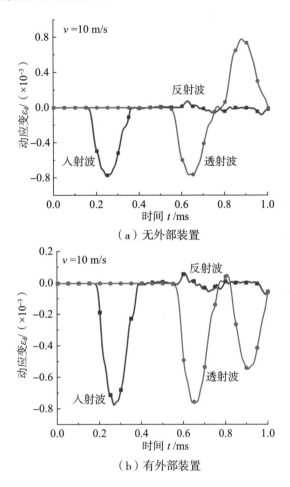

图 2-25　无初始静载和无岩石试件下的应力波波形比较

当无外部装置时，入射杆会直接碰撞透射杆，两杆之间发生近似完全弹性碰撞。由于两钢杆的波阻抗 ρC 和接触面积 A 相同，根据应力波传播的相关理论，其反射系数为 0，即不存在反射波。但在冲击过程中，钢杆会产生压缩变形，其波阻抗一直处于变化中，故其反射系数不为 0，但由于变化幅度不大，反射效应较弱，入射波的大部分能量会传递给透射杆，而透射杆为弹性杆，并无外加载荷和约束。因此，透射杆获得的能量一方面转化为动能，使其在空间内沿轴向发生平动；另一方面则引起钢杆自身的振动，导致应力波在杆件内来回波动。纺锤形冲头引起了类似半正弦波的加载，因而透射杆上任意点的惯性振动，均可近似看作动应变随时间变化的简谐振动。当外部装置存在时，入射杆和透射杆的碰撞性质并未改变，因此入射波和反射波并无变化；由于外部装置两侧钢板均有固定约束，透射杆无法发生平动也限制其拉应变的产生，同时透射杆撞击缓冲装置，部分能量会传递到外部装置，因此压缩波幅值衰减。

有岩石试件的应力波波形如图 2-26 所示。当岩石试件存在时，由于接触材料的波阻抗不同，应力波在入射杆和岩石试件的交界面发生明显的透反射效应。外部装置对入射杆和透射杆上的应力波波形均有一定的影响，主要体现在反射波和透射波上。无外部装置时，反射波幅值小于透射波幅值，而透射杆上的应力波依然为近似上下起伏的简谐波；有外部装置时，反射波幅值增大，入射波幅值减小，反射波幅值大于透射波幅值，透射波为连续的压缩波，压缩波的幅值变化不明显。当没有外部装置的约束和其他外力作用时，应力波的透射系数大于反射系数，即透射效应大于反射效应。当外部装置存在且固定在空间时，透射杆尾端受到了约束作用，使岩石在冲击过程中被挤压（该冲击速度下岩石未破坏），其密度和纵波波速逐渐提高，从而使透射系数减小、反射系数增大。

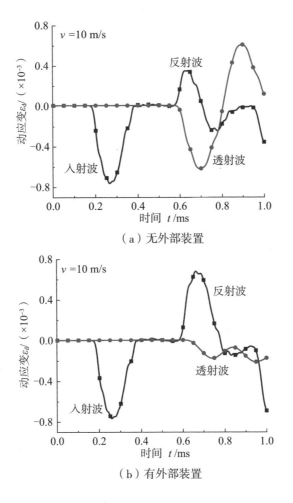

（a）无外部装置

（b）有外部装置

图 2-26　无初始静载和有岩石试件下的应力波波形比较

2.5.4　三维静载下外部装置对岩石应力波波形的影响

在室内岩石动静组合加载试验中，外部装置是施加轴向静载和约束的装置，施加方法为在透射杆尾端利用油压加载设备施加轴向静载，在入射杆首端利用端帽提供轴向约束，从而使入射杆、岩石试件、透射杆三部分均处于一维轴向静载的环境中。而在隐式分析中，考虑到接触和计算收敛性等因素，对整体施加初始静载和约束，会出现计算内存不足或无法转显式分析等问题，因此在模拟计算中各部分均是独立施加初始静载和约束。在有装置的情况下，试验波形与模拟波形在部分波段上会略有不同，本节基于数值模拟，分析三维静载下外部装置对岩石应力波波形的影响。初始静载的设置分别为轴压 13.5 MPa、围压 4 MPa，冲击速度仍为 10 m/s。

外部装置对无岩石试件下波形的影响如图 2-27 所示。由图 2-27 可知，在轴向静载的作用下，钢杆受到挤压，其振动平衡点下降，导致应力波波形整体下降，两者应力波初始应变小于零。外部装置对入射波、反射波和透射波均有影响。其中，外部装置对透射波的影响基本与无初始静载时相似，故本节不再阐述其现象和原因。无外部装置时，入射波的下降沿超出了初始应变值，并到达 "0" 刻度线周围，经过应力波透反射后，未回到初始应变值；反射波幅值仍较小且波形振荡幅度不大。有外部装置时，相较于无外部装置的应力波波形，其初始应变绝对值增大，反射波幅值仍较小，但其首端和尾端处的波形振荡较为剧烈；同样，其入射波的下降沿也超出了初始应变值，并到达 "0" 刻度线周围，但经过波形振荡和应力波透反射后，回到初始应变值。

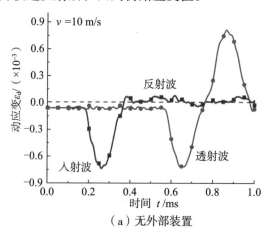

（a）无外部装置

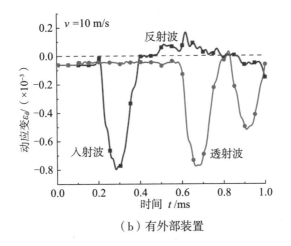

（b）有外部装置

图 2-27　无初始静载和无岩石试件下的应力波波形比较

在冲击过程中，入射杆和透射杆的波阻抗较为相近，导致其应力波在两者交界面处反射效应较弱，透射效应较强。而反射波首端和尾端波形出现振荡现象，是因为钢杆在受冲击载荷之前就已处于被压缩的状态，钢杆某点的压缩状态会在应力波到该点后的瞬间被释放，由于入射杆的反射效应较弱，质点振动很快会回到平衡状态，但此时钢杆处于压应力释放后的回弹状态，且该回弹效应的强度跟设置的轴向静载有关（多次模拟测试表明，初始静载越大，回弹效应越强，这也是数值模拟中隐式分析转显式分析方法的不足之处）。无外部装置时，其回弹强度较弱，波形振荡较小；有外部装置时，钢杆的回弹会受到阻挡，导致波形振荡剧烈。因此，在对有初始静载无岩石试件的冲击试验的数值模拟中，外部装置也是影响其波形振荡的因素之一。轴向静载使钢杆被压缩，在动载完全卸载后，由于质点运动的惯性效应，被压缩的钢杆产生回弹，无外部装置时，质点振动会回归到无初始静载时的原始平衡状态；有外部装置时，受其约束作用限制，钢杆仍处在压缩状态，故质点振动只能回到被压缩时的平衡状态。该应力波波形变化情况在室内岩石动静组合加载试验中也普遍存在，如图 2-28 所示。在图 2-28 中，各个测点均在岩石试件上，沿长度方向依次排列。在轴向静载作用下，由于变截面岩石的特殊性，其内部压应力分布随着截面的增大而减小，即初始应变的绝对值随着截面的增大而减小。无轴向静载时，各个测点的入射波卸载段端均回到了"0"刻度线上；有轴向静载时，受装置的约束作用影响，各个测点的入射波卸载段端均回到初始应变线上。

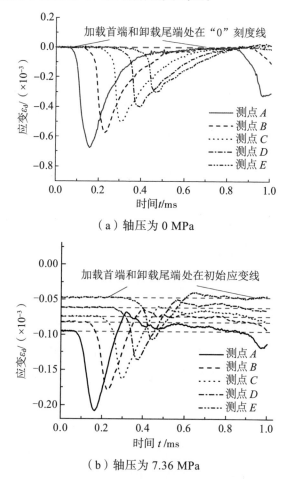

（a）轴压为 0 MPa

（b）轴压为 7.36 MPa

图 2-28　具有轴向静载的变截面岩石应力波波形比较

三维静载下岩石的应力波数值模拟波形分别如图 2-29 所示。由图 2-29 可知，在三维静载下，外部装置对入射波和反射波的影响较小，可以忽略不计，但外部装置对透射波的影响较大。无外部装置时，透射波仍旧为上下起伏的简谐波；有外部装置时，透射波幅值未有明显变化，其尾端则出现了较大的波形突变现象，随后波形变为压缩波，压缩波幅值小于前一个波的幅值。岩石试件在冲击之前就受到了三维静载的作用，其变形模量提高。无论外部装置是否存在，岩石均未出现较大的变形，因此反射波和透射波幅值变化较小。透射波尾端的波形突变现象，则是由透射杆的回弹效应以及外部装置碰撞共同作用引起的。由此可见，外部装置的约束作用对透射杆应变变化影响较大。

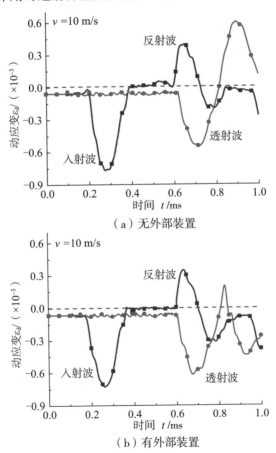

（a）无外部装置

（b）有外部装置

图 2-29　具有轴向静载的变截面岩石应力波波形比较

2.6　本章小结

本章采用试验研究和数值模拟相结合的方法，探究了岩石在动静组合加载下的动态力学性质。具体体现在以下方面：基于改进的 SHPB 试验装置，利用 ANSYS/LS-DYNA 软件，对应实际室内试验的各种工况，采用隐式分析转显式分析的方法，实现岩石的动静组合加载；基于岩石动静组合加载试验，选用 RHT 本构模型作为岩石材料模型，利用理论推导、试验测定、多元回归分析等方法计算参数敏感度和确定模拟参数值；基于不同工况下冲击试验的数值模拟，以外部装置为数值模拟变量，研究外部装置对应力波波形的影响。本章得出的主要结论如下：

（1）一方面，在实际室内试验中，纺锤形冲头会受到摩擦和空气阻力影响，使冲击速度往往小于设定值，因此模拟波形的入射波加载首端要快于试验波形；另一方面，室内试验受钢架的约束作用，而数值模拟尚未考虑该影响，使得两者波形在入射端尾端产生差异。

（2）若试验条件为有三维静载和岩石试件，则在无外部装置时，入射波的卸载尾端超出了初始应变，到达"0"刻度线并上下波动，但经过应力波透反射后，波形尾端未回到初始应变；有外部装置时，由于其具有约束作用，钢杆仍处在压缩状态，应力波波形尾端回到了初始应变值。

（3）若试验条件为无初始静载和岩石试件，则外部装置对钢杆上的入射波和反射波波形影响较小，对透射波影响较大，这是由于外部装置两侧钢板均有固定约束，使透射杆无法发生平动，限制了钢杆拉应变的产生。

第3章 基于 ABAQUS 的土坡稳定性及抗滑桩加固效应研究

3.1 概述

我国是一个多山的国家，山区地质灾害数量多、分布广、危害大，尤其是土坡失稳地质灾害，往往造成惨重的经济损失。数值模拟是一种重要的技术手段，被广泛应用在航空航天、交通运输、工业控制、机械制造、岩土工程等领域，它以计算机硬件和相应软件为基础，以相似原理和理论为方法，借助相应系统模型对真实或假设的系统进行模拟研究，可以有效避免室内试验中的各种误差，并具有效率高、可控性强、可重复等优点。合理的数值模拟方法对试验研究和理论分析具有指导作用，能够指导生产生活实践。本章采用 ABAQUS 软件，基于强度折减法，对坡顶载荷及水土耦合对土坡稳定性的影响，以及降雨条件下抗滑桩加固边坡的作用效果进行分析。

3.2　ABAQUS 简介及土坡稳定性分析方法

3.2.1　ABAQUS 简介

ABAQUS 是一款功能十分强大的有限元通用软件，它包含材料模型、单元模型、载荷和边界条件，能够求解动力、静力及其他多种问题，其核心是求解器模块。它的优点是能够高效地求解非线性问题，尤其在岩土工程方面具有较强的适用性。ABAQUS 软件体系按照用途一般分为四大模块，分别是前后处理模块、通用分析模块、专用分析模块和第三方软件的接口模块。

1. 前后处理模块

（1）ABAQUS/CAE。ABAQUS/CAE 提供了为利用 ABAQUS 进行问题求解时的用户界面，它具有非常强大的前处理、后处理功能，包含了有限元的各个步骤，如模型几何形状的建立、模型参数的选择、材料参数的设定、分析过程类型的选择、载荷及边界条件的设定、网格的划分等。ABAQUS/CAE 不仅可以进行提交任务计算，还可以控制和监视计算的过程。后处理时可以用云图、曲线、动画等形式呈现出计算结果，同时支持数据输出。

（2）ABAQUS/Viewer。ABAQUS/Viewer 是 ABAQUS/CAE 模块的一部分，它的功能是后处理，相当于 ABAQUS/CAE 中的 Visualization 模块功能。

2. 通用分析模块

（1）ABAQUS/Standard。ABAQUS/Standard 是通用的分析模块，应用隐式求解控制方程，可以分析大部分的非线性问题和线性问题，如动力学、静力学、流体渗透、应力耦合、热传导等问题。

（2）ABAQUS/Explicit。ABAQUS/Explicit 应用显示动力有限元

格式，可模拟瞬时和短暂动态问题，如爆炸和冲击作用下的结构效应。此外，ABAQUS/Explicit 可以十分有效地分析复杂接触条件造成的非线性问题，如冲压成型、板材锻压等问题。

（3）ABAQUS/CFD。ABAQUS/CFD 分析的模块是流体动力学部分，可以用于流—固耦合问题、热—流耦合等问题的求解分析。在 ABAQUS/CAE 中可以完成该模块的流体材料的性质、边界条件、载荷及网格划分等前处理工作。

3.专用分析模块

ABAQUS 能够在分析特定行业问题时提供特殊的分析模块，如 ABAQUS/Aqua 模块专门用于分析模拟海岸结构，ABAQUS/Design 模块专门用于分析设计参数的变化对结构造成的相应的影响。

4.第三方软件的接口模块

ABAQUS 提供的几何接口模块可与第三方 CAD 软件生成的几何模型进行数据交换，当前支持的格式有 CATIA、Por/ENGINEER、SolidWorks、Parasolid 等。当然，用户也可以利用 ABAQUS 中的模型转换功能，将 LS–DYNA、ANSYS 等软件的输入文件转换为 ABAQUS 的输入文件。

3.2.2　土坡稳定性分析方法

1.强度折减法

介绍强度折减法需要先介绍土坡抗剪强度折减系数的概念，土坡抗剪强度折减系数指在外载荷或土体自重保持不变的条件下，边坡内土体提供的最大抗剪强度与外载荷在边坡内产生的实际剪应力之比。在极限状态下，外载荷或土体自重产生的实际剪应力与抵抗外载荷所发挥的最低抗剪强度与按照实际强度指标折减后所确定的抗剪强度相等。对于莫尔—库伦（Mohr—Coulomb）模型土体材料，折减后的抗剪强度参数可

表达为

$$c_{m}^{'} = c^{'} / F_{r} \qquad (3-1)$$

$$\varphi_{m}^{'} = \arctan(\tan \varphi^{'} / F_{r}) \qquad (3-2)$$

式中：$c^{'}$ 和 $\varphi^{'}$ 为土体具有的有效抗剪强度；$c_{m}^{'}$ 和 $\varphi_{m}^{'}$ 为维持土体实际需要所发挥的抗剪强度；F_{r} 为抗剪强度折减系数。

目前，判断土坡达到临界破坏的评价标准主要有三类：

（1）以有限元数值计算不收敛作为失稳判据。

（2）以计算结束后边坡位移拐点突变作为失稳判据。

（3）以等效塑性应变形成连续的贯通区作为失稳判据。

在利用有限元计算时，上述三种情况的评价标准是紧密联系且相辅相成的。有限元数值模拟计算不收敛的原因可能是多种多样的，如接触、边界等条件设置不合理，网格质量差等。若非以上因素，则考虑随着边坡强度参数的不断减小，边坡的抗滑能力越来越小，在下滑力的作用下，边坡的部分土体开始缓慢滑动，逐渐形成剪切滑裂带，土体塑性区沿着剪切滑裂带开始扩展，最终贯通。贯通之后，边坡土体的位移开始出现急速滑动，边坡失稳，网格出现畸变，计算难以持续，最终出现计算不收敛的情况。现实中的边坡失稳与此过程有些相似。因此，可根据边坡工程的具体问题综合考虑判断失稳情况，求解边坡的安全系数。强度折减法能将模拟结果直观地呈现出来，故而在工程实际中得到了广泛的应用。使用该方法能够模拟边坡的滑移面形状及其失稳过程，能够分析出边坡发生变形屈服破坏的部位和其首先需要加固的位置。

2. 极限平衡法

从不同的研究思路出发，可将极限平衡法分为滑移线法和条分法。前者假设土体达到极限平衡，采用特征法求解应力场；后者研究滑裂面上作用力的静力平衡和确定滑裂面问题的解。

（1）滑移线法。滑移线法首先假定土体内破坏区域各点达到极限平衡状态，因此在破坏区域的各点不但可以建立静力平衡条件，还可以建立 Mohr-Coulomb 破坏条件；然后采用特征线法求解由此形成的方程组；最后在土质条件和简化边界下获得闭合解，所得的一组解为滑裂面，解得的特征线即土力学中的滑移线。

（2）条分法。使用条分法不但能获得满足静力平衡条件的应力场，而且要求滑裂面上的每一点应力状态都在莫尔圆上或以内，但对滑体内的应力状态无要求，由此所获得的解小于或等于边坡发生破坏时的真实载荷，此解属于塑性力学中的下限解。

滑移线法假设土体内单元达到极限平衡状态，而条分法只假设土体沿滑裂面达到极限平衡。

极限平衡法有很多优点，但在处理复杂边坡问题时存在如下缺点：

第一，土体是变形体，但条分法将土体看作理想钢塑性状态，导致计算出的滑动面上的应力状态不真实。

第二，条分法所求得到的安全系数是滑裂面上的平均安全系数，并认为滑动面上各点的抗剪强度、剪应力大小是相同的。

第三，如果条分法不进行应力应变分析，则滑动面上的正应力和剪应力由条块自重决定，不符合边坡工程的实际状态。

第四，条分法不但无法分析边坡破坏的发展过程，也无法预测局部变形对边坡稳定的影响。

第五，条分法通过比较若干个滑动面的安全系数可以确定相应最危险的滑动面。但在工程实际中如果只假定几个滑动面，可能会忽略最危险的滑动面。

极限分析法将土体看作服从流动的塑性材料，因此在外力达到某一定值时，土体可在外力不变的状态下发生塑性流动，此时土坡所受到的载荷为极限载荷，且土坡处于极限状态，极限状态为介于塑性流动与静力平衡的临界状态。其极限状态的应力场、应变场率特点分别是静力许可与机动许可，静力许可的应力场满足屈服准则、边界条件、平衡条件，机动许可的应变场率满足速度边界条件和几何条件，二者条件同时满足得到的解才最真实。

3. 有限元法

以连续介质力学为基础的数值分析方法称为有限元法。它把分析域离散为有限个只在节点处相连接的有限单元，然后采用低阶多项式差值的方法建立刚度矩阵，再采用能量变分原理形成总体刚度矩阵，最后将边界条件和初始条件二者结合起来进行求解。实际应用中，先利用有限元模拟岩土的线性本构关系，得出单元的应力与变形，根据强度指标的不同确定破坏的位置及情况，然后将整体破坏与局部破坏相结合，求出临界滑裂面的位置，最后求出整体稳定性安全系数。有限元法满足应力、应变和静力许可、应变相容之间的本构关系，克服了极限平衡法的一些缺点，不但突破了几何形状不规则和材料不均匀的限制，还提供了应力、应变的信息。当然，有限元法也有一些缺点，如不能很好地求解大变形和位移不连续的问题，分析边坡初始应力状态和弹塑性本构关系也存在一定的困难，对应力集中问题的求解也不太理想。

3.3 坡顶载荷及水土耦合效应对土坡稳定性的影响

3.3.1 土坡模型及参数

三维土坡模型如图 3-1 所示，该模型相关尺寸参数如下：坡度比为 1：1，坡高 H=20 m，土坡的前缘长度为 L_1=10 m，坡体水平长度 L_2=20 m，后缘长度 L_3=15 m，地基土厚 H_0=10 m，土坡初始的地下水位位于坡脚处，模型参数如表 3-1 所示。

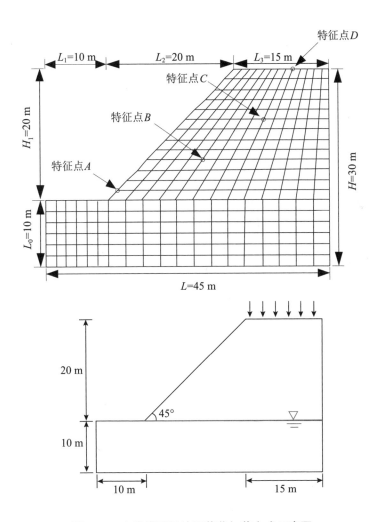

图 3-1　土坡模型及坡顶载荷加载方式示意图

表 3-1　土坡的物理力学计算参数

重度/ ($kN \cdot m^{-3}$)	干密度/ ($g \cdot cm^{-3}$)	泊松 比 v	孔隙 比 μ	内摩擦角 $\varphi/$（°）	黏聚力 c/kPa	渗透系数 $K/(m \cdot s^{-1})$	弹性模量 E/MPa
14	1.4	0.3	1.0	24	15	0.018	40

3.3.2 降雨强度对土坡稳定性的影响

降雨强度变化时程曲线及载荷变化时程曲线如图 3-2 所示，分别对土坡各个特征点不同降雨强度过程中的孔隙水压力、饱和度、等效塑性应变云图及安全系数进行分析，降雨历时均为 24 h。图 3-3 给出了不同降雨强度下孔隙水压力云图比较。由图 3-3 可知，降雨前，在静水压力的作用下，坡顶孔隙水压力为 −200 kPa，坡底孔隙水压力为 100 kPa；10 mm/h、12 mm/h、14 mm/h、16 mm/h 降雨 24 h 后，坡顶孔隙水压力分别上升至 −103.6 kPa、−90.47 kPa、−80.21 kPa、−70.20 kPa，坡底孔隙水压力分别上升至 101.3 kPa、101.5 kPa、101.6 kPa、101.8 kPa。可以看出，降雨历时一定时，随着降雨强度的不断增加，土坡的孔隙水压力也在不断上升，而且坡底的孔隙水压力最大，沿着土坡的深度向上逐渐减小，因此降雨强度的变化会对土坡孔隙水压力产生一定的影响。

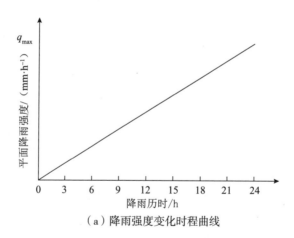

（a）降雨强度变化时程曲线

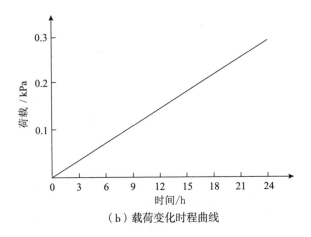

（b）载荷变化时程曲线

图 3-2　降雨强度变化时程曲线及载荷变化时程曲线

图 3-4 为特征点 A、B、C、D 不同降雨强度的孔隙水压力时程曲线，在降雨 24 h 期间，随着降雨强度的增加，特征点 A、B、C、D 的孔隙水压力也呈现出不断上升的趋势。通过具体分析发现，A 点的孔隙水压力在降雨起始时刻较大，降雨持续期间，孔隙水压力上升也比较急剧，但上升幅度较小；而 B、C、D 点起始时刻孔隙水压力依次不断减小，在降雨持续期间，孔隙水压力一直上升，且孔隙水压力上升幅度不断增大。这是因为 A 点处于坡脚位置，地下水的浸润对坡脚孔隙水压力的影响较大，而随着土坡高度的不断上升，地下水的浸润对 B、C、D 点的影响越来越小，因此孔隙水压力在不断减小；而 A、B、C、D 点在降雨持续期间的孔隙水压力上升幅度越来越大，则是由于雨水入渗对坡顶 D 点的影响较大，而对 C、B、A 点的影响依次减小。

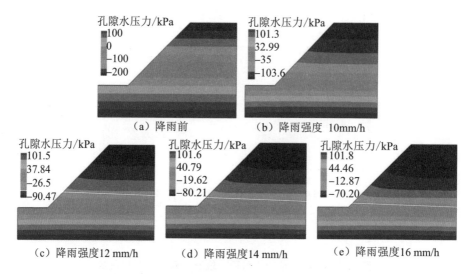

（a）降雨前　　　　　　　（b）降雨强度 10mm/h

（c）降雨强度12 mm/h　　　（d）降雨强度14 mm/h　　　（e）降雨强度16 mm/h

图 3-3　不同降雨强度下土坡孔隙水压力分布云图

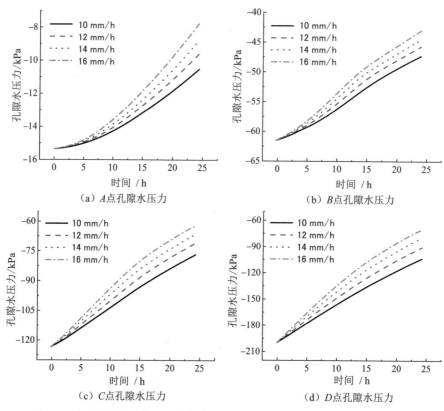

（a）A点孔隙水压力　　　　　　　　　（b）B点孔隙水压力

（c）C点孔隙水压力　　　　　　　　　（d）D点孔隙水压力

图 3-4　不同降雨强度下，特征点 A、B、C、D 孔隙水压力变化时程曲线

不同降雨强度下土坡饱和度分布云图如图 3-5 所示。由图 3-5 可知，降雨前，在静水压力的作用下，坡顶饱和度为 0.080 14，10 mm/h 降雨 24 h 后，坡顶饱和度上升为 0.081 58；12 mm/h 降雨 24 h 后，坡顶饱和度上升为 0.082 74；14 mm/h 降雨 24 h 后，坡顶饱和度上升为 0.083 80；16 mm/h 降雨 24 h 后，坡顶饱和度上升为 0.087 34。因此，降雨历时一定时，随着降雨强度的不断增加，土坡的饱和度也在不断上升，而且坡底的饱和度最大，沿着土坡的深度向上逐渐减小，即降雨强度的变化会对土坡饱和度产生一定的影响。

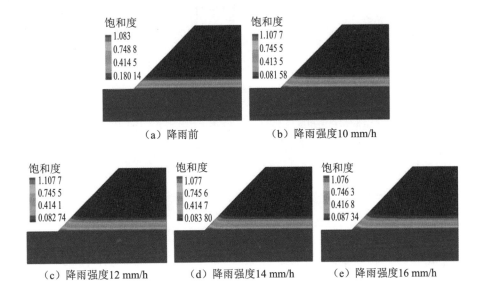

（a）降雨前　　　　　　　　（b）降雨强度10 mm/h

（c）降雨强度12 mm/h　　　（d）降雨强度14 mm/h　　　（e）降雨强度16 mm/h

图 3-5　不同降雨强度下土坡饱和度分布云图

　　特征点 A、B、C、D 在不同降雨强度下的饱和度时程曲线如图 3-6 所示，在降雨 24 h 期间，随着降雨强度的增加，特征点 A、B、C、D 的饱和度也呈现出不断增大的趋势。通过具体分析发现，A 点的饱和度在降雨起始时刻较大，降雨持续期间，饱和度上升也比较急剧，上升幅度较大，而 B、C、D 点起始时刻饱和度依次不断减小，在降雨持续期间，饱和度上升先趋于平缓后急剧上升，上升幅度也不断减小。这是因为 A

点处于坡脚位置，地下水的浸润使得坡脚的饱和度不断增大，而随着土坡高度的不断上升，地下水的浸润对 B、C、D 点的影响越来越小，因此饱和度在不断减小；而 A、B、C、D 在降雨持续期间，坡顶降雨雨水不断地向坡脚渗透，则是由于雨水入渗对坡顶 D 点的影响较大，而对 C、B、A 点的影响依次减小。

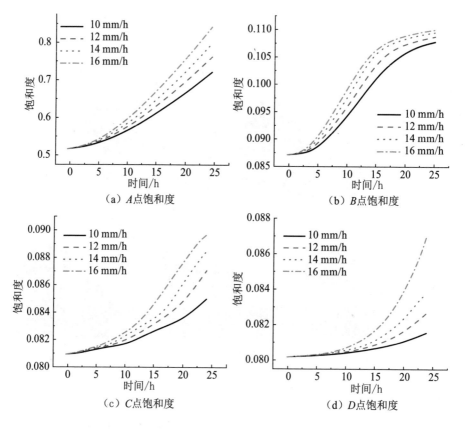

图 3-6 不同降雨强度下，特征点 A、B、C、D 饱和度变化时程曲线

图 3-7 为不同降雨强度下土坡失稳的等效塑性应变云图。由图 3-7 可知，不同降雨强度下土坡失稳时，滑坡剪切带塑性区都是由坡脚贯穿至坡顶，但它们在贯穿时的最大等效塑性应变不同，降雨强度为 10 mm/h、12 mm/h、16 mm/h 降雨 24 h 后最大等效塑性应变分别达到

了 8.327、8.412、8.68，并且均在土坡剪切带中部产生，而降雨强度为 14 mm/h 降雨 24 h 后最大等效塑性应变为 30.17，在坡脚处产生。

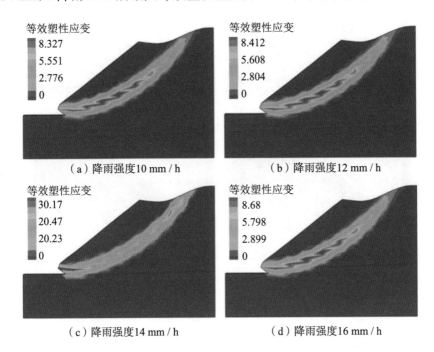

（a）降雨强度10 mm / h　　　　　（b）降雨强度12 mm / h

（c）降雨强度14 mm / h　　　　　（d）降雨强度16 mm / h

图 3-7　不同降雨强度下土坡失稳的等效塑性应变分布云图

图 3-8 为土坡坡顶施加载荷时，不同降雨强度下土坡失稳的等效塑性应变云图。由图 3-8 可知，不同降雨强度有坡顶载荷下土坡失稳时，滑坡剪切带塑性区都是由坡脚贯穿至坡顶，但贯穿时的最大等效塑性应变不同，降雨强度为 10 mm/h、12 mm/h、14 mm/h、16 mm/h 降雨 24 h 后最大等效塑性应变分别达到了 8.596、8.477、8.538、8.535，并且最大等效塑性应变均在土坡剪切带中部产生。

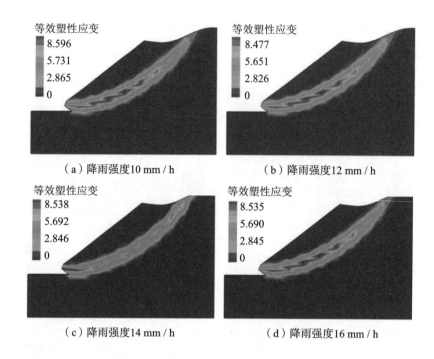

图 3-8 不同降雨强度有坡顶载荷下土坡失稳的等效塑性应变分布云图

图 3-9 为降雨强度 10 mm/h、12 mm/h、14 mm/h、16 mm/h 土坡坡顶施加载荷与土坡坡顶未施加载荷的安全系数对比。由图 3-9 可知，土坡坡顶未施加载荷时，在降雨历时为 24 h 的情况下，随着降雨强度的逐渐增大，土坡失稳时的安全系数在降低，主要是因为降雨降低了土体的抗剪强度，同时也增加了土体的重度。如前分析可知，土坡坡顶施加载荷并未改变边坡土体的孔隙水压力与饱和度，只改变了边坡失稳时的等效塑性应变，因此坡顶施加载荷时会进一步加大土体的下滑力，降低土体的抗剪抗剪强度，使得土体更容易失稳，边坡失稳时的安全系数更低。

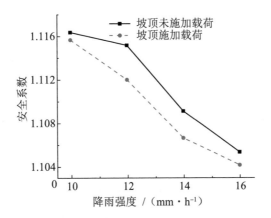

图 3-9　不同降雨强度与土坡安全系数的关系图

3.3.3　降雨时长对土坡稳定性的影响

降雨时长变化时程曲线及载荷变化时程曲线如图 3-10 所示，分别对土坡各个特征点不同降雨强度过程中的孔隙水压力、饱和度、等效塑性应变云图及安全系数进行分析，降雨强度均为 12 mm/h。

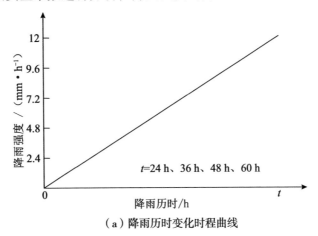

（a）降雨历时变化时程曲线

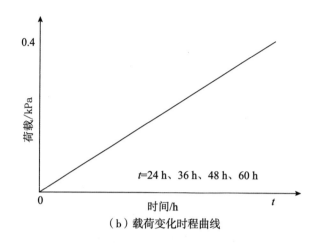

（b）载荷变化时程曲线

图 3-10 降雨历时变化时程曲线及载荷变化时程曲线

图 3-11 为不同降雨历时土坡孔隙水压力分布云图。由图 3-11 可知，降雨前，在静水压力的作用下，坡顶孔隙水压力为 −200 kPa，坡底孔隙水压力为 100 kPa；12 mm/h 降雨 24 h、36 h、48 h、60 h 后，坡顶孔隙水压力分别上升至 −90.47 kPa、−87.20 kPa、−84.82 kPa、−83.56 kPa，坡底孔隙水压力分别上升至 101.5 kPa、102.5 kPa、103.5 kPa、104.5 kPa。由此，降雨强度一定时，随着降雨历时的不断延长，土坡的孔隙水压力在不断上升，且坡底的孔隙水压力最大，沿着土坡的深度向上逐渐减小，因此降雨历时的变化会对土坡孔隙水压力产生一定的影响。

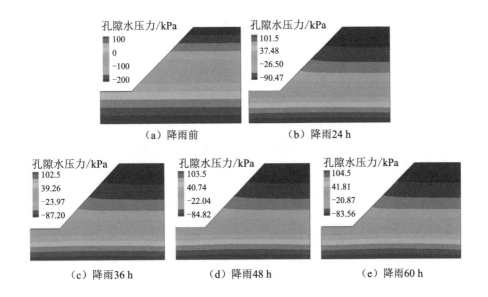

图 3-11　不同降雨历时土坡孔隙水压力分布云图

图 3-12 为不同降雨时长下特征点 A、B、C、D 的孔隙水压力变化的时程曲线，在降雨强度为 12 mm/h，降雨 24 h、36 h、48 h、60 h 后，随着降雨历时的增加，特征点 A、B、C、D 的孔隙水压力也呈现出不断增大的趋势。通过具体分析发现，A 点的孔隙水压力在降雨起始时刻就比较大，降雨持续期间，孔隙水压力上升也比较急剧，但上升幅度较小，而 B、C、D 点起始时刻孔隙水压力依次不断减小，在降雨持续期间，孔隙水压力一直上升，且上升幅度不断增大。这是因为 A 点处于坡脚位置，由于静水压力的影响，坡脚的孔隙水压力不断增大，而随着土坡高度的不断上升，地下水对 B、C、D 点的影响越来越小，因此孔隙水压力在不断减小；特征点 A、B、C、D 在降雨持续期间的孔隙水压力上升幅度越来越大，则是由于雨水入渗对坡顶 D 点的影响较大，而对 C、B、A 点的影响依次减小。

不同降雨历时下土坡饱和度分布云图如图 3-13 所示。由图 3-13 可知，降雨前，在静水压力的作用下，坡顶饱和度为 0.080 14；降雨强度

12 mm/h 降雨 24 h 后，坡顶饱和度上升为 0.082 74；降雨强度 12 mm/h 降雨 36 h 后，坡顶饱和度上升为 0.083 09；降雨强度 12 mm/h 降雨 48 h 后，坡顶饱和度上升为 0.083 35；降雨强度 12 mm/h 降雨 60 h 后，坡顶饱和度上升为 0.083 48。因此，降雨强度一定时，随着降雨历时的不断延长，土坡的饱和度也在不断上升，而且坡底的饱和度最大，沿着土坡的深度向上逐渐减小，故降雨历时的变化会对土坡饱和度产生一定的影响。

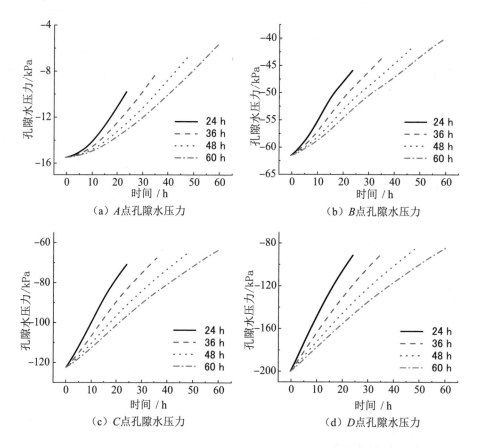

（a）A 点孔隙水压力   （b）B 点孔隙水压力

（c）C 点孔隙水压力   （d）D 点孔隙水压力

图 3-12 不同降雨历时下特征点 A、B、C、D 孔隙水压力变化时程曲线

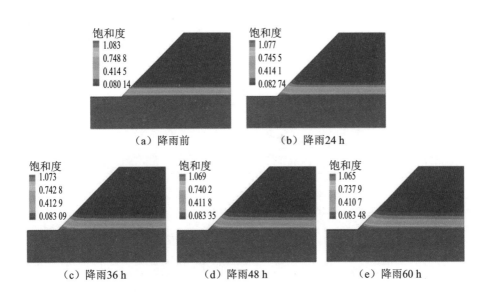

图 3-13　不同降雨历时下土坡饱和度分布云图

图 3-14 为不同降雨时长下特征点 A、B、C、D 的饱和度变化时程曲线。由图 3-14 可知，在降雨 24 h 期间，随着降雨时长的增加，特征点 A、B、C、D 的饱和度也呈现出不断增大的趋势。通过具体分析发现，A 点的饱和度在降雨起始时刻较大，随着降雨时间的延长，饱和度上升也比较急剧，上升幅度较大，而 B、C、D 点起始时刻饱和度依次不断减小，随着降雨时间的延长，饱和度一直上升，但饱和度上升幅度不断减小。这是因为 A 点处于坡脚位置，地下水的浸润使得坡脚的饱和度不断增大，而随着土坡高度的不断上升，地下水的浸润对 B、C、D 点的影响越来越小，因此饱和度在不断减小；而特征点 A、B、C、D 在降雨持续期间的饱和度上升幅度越来越大，则是由于坡顶雨水不断地向坡脚渗透，雨水入渗对坡顶 D 点的影响较大，而对 C、B、A 点的影响依次减小。

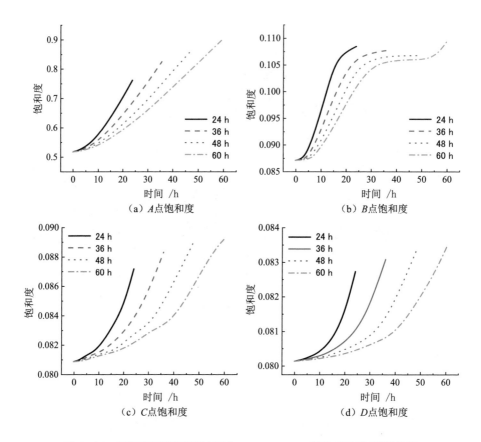

图 3-14　不同降雨历时下特征点 *A*、*B*、*C*、*D* 饱和度变化时程曲线

图 3-15 为不同降雨时长下土坡失稳的等效塑性应变云图。由图 3-15 可知，不同降雨时长下土坡失稳时，滑坡剪切带塑性区都是由坡脚贯穿至坡顶，但它们在贯穿时的最大等效塑性应变不同，降雨强度为 12 mm/h 时降雨 24 h、36 h、48 h、60 h 后最大等效塑性应变分别达到了 8.412、7.941、7.361、7.078，并且最大等效塑性应变均在土坡剪切带中部产生。

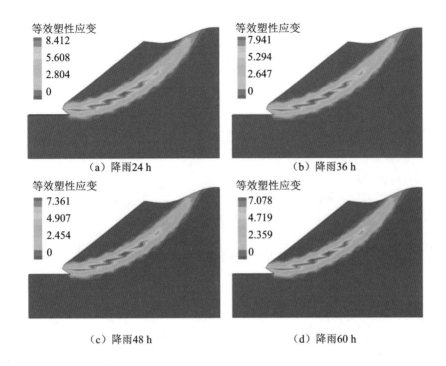

（a）降雨24 h　　　　　　　　　　（b）降雨36 h

（c）降雨48 h　　　　　　　　　　（d）降雨60 h

图 3-15　不同降雨历时下土坡等效塑性应变分布云图

图 3-16 为降雨历时 24 h、36 h、48 h、60 h 时土坡坡顶施加载荷与土坡坡顶未施加载荷的安全系数。由图 3-16 可知，土坡坡顶未施加载荷时，在降雨强度为 12 mm/h 的情况下，随着降雨历时的延长，土坡失稳时的安全系数在降低，主要是因为降雨降低了土体的抗剪强度，同时也增加了土体的重度。如前所述，土坡坡顶施加载荷的情况下并没有改变土坡土体的孔隙水压力与饱和度，只改变了土坡失稳时的等效塑性应变，因此坡顶施加载荷时会进一步加大土体的下滑力，降低土体的抗剪抗剪强度，使得土体更容易失稳，因此土坡失稳时的安全系数进一步降低。

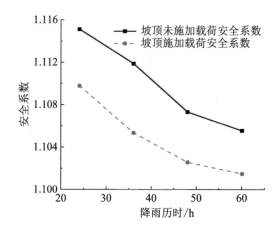

图 3-16　降雨历时与土坡安全系数的关系图

3.3.4　降雨类型对土坡稳定性的影响

为了研究不同降雨类型对土坡稳定性的影响，本节分别使用三种不同降雨类型进行数值模拟计算，三种降雨类型的降雨强度最大均为 8 mm/h，降雨总时长均为 48 h。雨型 Ⅰ 为降雨总时长 48 h，降雨强度线性增加；雨型 Ⅱ 为降雨总时长 48 h，前 24 h 降雨强度持续增大，后 24 h 降雨强度持续降低；雨型 Ⅲ 为降雨总时长 48 h，前 32 h 降雨强度持续增大，后 12 h 降雨强度不变，均匀降雨。三种降雨类型降雨强度曲线分别如图 3-17 所示。

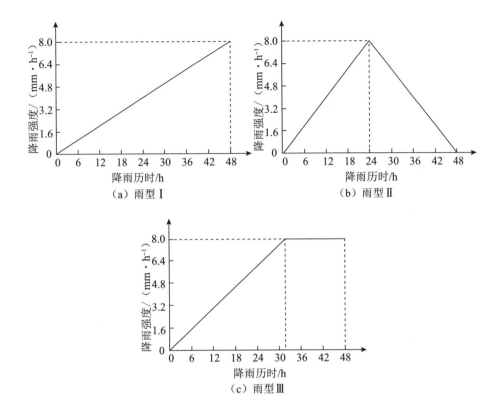

图 3-17 不同降雨类型降雨强度曲线

图 3-18 为降雨前与降雨 48 h 结束后的不同降雨类型的孔隙水压力分布云图。在保证降雨时长与最大降雨强度相同的情况下，雨型 I 为降雨强度随着时间持续增大，降雨持续 48 h 后坡底孔隙水压力上升至 102.6 kPa，坡顶孔隙水压力上升至 −114.9 kPa；雨型 II 为降雨强度随着时间先持续增大，后持续减小，降雨持续 48 h 后坡底孔隙水压力上升至 102.8 kPa，坡顶孔隙水压力上升至 −189.6 kPa；雨型 III 为降雨强度随着时间先持续增大，后均匀降雨，降雨 48 h 后坡底孔隙水压力上升至 103.2 kPa，坡顶孔隙水压力上升至 −111.6 kPa。分析上述降雨 48 h 后的孔隙水压力分布云图可知，坡顶孔隙水压力的大小关系为雨型 III ＞雨型 I ＞雨型 II。

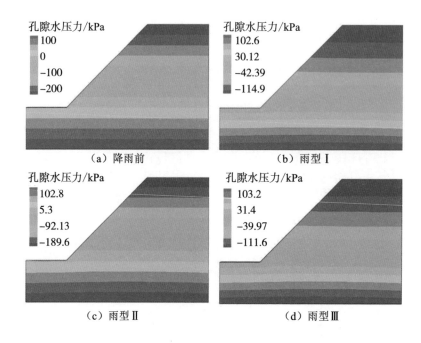

图 3-18　不同降雨类型土坡孔隙水压力分布云图

图 3-19 为降雨历时 48 h 期间三种不同降雨类型的特征点 A、B、C、D 的孔隙水压力的时程曲线。特征点 A 降雨前孔隙水压力约为 −15.5 kPa，雨型 Ⅱ 与雨型 Ⅲ 降雨 48 h 过程中的孔隙水压力一直呈现上升趋势，最终雨型 Ⅲ 孔隙水压力上升至约为 −8.2 kPa，雨型 Ⅰ 孔隙水压力上升至约为 −9.3 kPa，而雨型 Ⅱ 在降雨历时约 32 h 时孔隙水压力一直上升至顶峰（约为 −11 kPa），32 h 至 48 h 孔隙水压力呈现下降趋势，最终孔隙水压力为 −11.5 kPa。特征点 B 降雨前孔隙水压力约为 −61.8 kPa，雨型 Ⅱ 与雨型 Ⅲ 降雨 48 h 过程中的孔隙水压力一直呈现上升趋势，最终雨型 Ⅲ 孔隙水压力上升至约为 −44 kPa，雨型 Ⅰ 孔隙水压力上升至约为 −46 kPa，而雨型 Ⅱ 在降雨历时约 30 h 时孔隙水压力一直上升至顶峰（约为 −46 kPa），32 h 至 48 h 孔隙水压力呈现下降趋势，最终孔隙水压力为 −50 kPa。特征点 C 降雨前孔隙水压力约为 −123 kPa，雨型 Ⅰ 降雨 48 h 过程中的孔

隙水压力一直呈现上升趋势，最终雨型 I 孔隙水压力上升至约为 −80 kPa，雨型Ⅲ降雨至 33 h 时孔隙水压力变化出现拐点而后缓慢上升至约为 −78 kPa，而雨型Ⅱ在降雨历时约 27 h 时孔隙水压力一直上升至顶峰（约为 −85 kPa），27 h 至 48 h 孔隙水压力呈现下降趋势，最终孔隙水压力为 −115 kPa。特征点 D 降雨前孔隙水压力约为 −200 kPa，雨型 I 降雨 48 h 过程中的孔隙水压力一直呈现上升趋势，最终雨型 I 孔隙水压力上升至约为 −112 kPa，雨型Ⅲ降雨至 32 h 时孔隙水压力变化出现明显拐点而后缓慢上升至约为 −110 kPa，而雨型Ⅱ在降雨历时约 24 h 时孔隙水压力一直上升至顶峰（约为 −122 kPa），24 h 至 48 h 孔隙水压力呈现下降趋势，最终孔隙水压力为 −190 kPa。

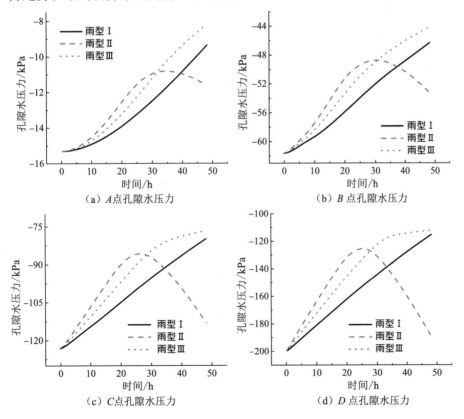

（a）A 点孔隙水压力　　　　（b）B 点孔隙水压力

（c）C 点孔隙水压力　　　　（d）D 点孔隙水压力

图 3-19　不同降雨类型的特征点 A、B、C、D 的孔隙水压力变化时程曲线

　　分析以上特征点 A、B、C、D 的孔隙水压力随时间分布的时程曲线可知，在降雨持续过程中，孔隙水压力的变化随着降雨强度的变化而变化，且由坡脚至坡顶孔隙水压力的变化与不同降雨类型土坡孔隙水压力的变化越来越相似，这是由于在同一时刻雨水入渗对坡顶的影响作用较为明显，随着深度的增加，雨水对土坡的土体影响的作用越来越小，且雨水由坡顶渗透至坡脚存在一定的时间响应延迟情况。

　　图 3-20 为降雨前与降雨 48 h 结束后的不同降雨类型土坡的饱和度分布云图。在保证降雨时长与最大降雨强度相同的情况下，雨型 I 为降雨强度随着时间持续增大，降雨持续 48 h 后，坡顶饱和度上升至 0.081 09；雨型 II 为降雨强度随着时间先持续增大，后持续减小，降雨持续 48 h 后，坡顶饱和度上升至 0.080 18；雨型 III 为降雨保持随着时间先持续增大，后保持不变，均匀降雨，降雨 48 h 后，坡顶饱和度上升至 0.081 23。分析可知，坡顶饱和度关系为雨型 III＞雨型 I＞雨型 II。

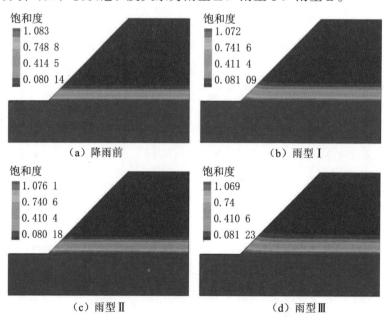

（a）降雨前　　　　　　　　　　　　（b）雨型 I

（c）雨型 II　　　　　　　　　　　　（d）雨型 III

图 3-20　不同降雨类型土坡饱和度分布云图

图 3-21 为降雨历时 48 h 三种不同降雨类型特征点 A、B、C、D 的饱和度变化时程曲线。特征点 A 降雨前饱和度约为 0.52，雨型 Ⅱ 与雨型 Ⅲ 降雨 48 h 过程中的饱和度一直呈现上升趋势，最终雨型 Ⅲ 的饱和度上升至约为 0.80，雨型 Ⅰ 的饱和度上升至约为 0.75，而雨型 Ⅱ 在降雨历时约 32 h 时饱和度一直上升至顶峰（约为 0.70），32 h 至 48 h 饱和度呈现下降趋势，最终饱和度为 0.65。特征点 B 降雨前饱和度约为 0.087，雨型 Ⅰ 降雨 35 h 过程中一直呈现急剧上升趋势，而 35 h 至 48 h 过程中缓慢上升，最终雨型 Ⅰ 饱和度上升至约为 0.105，雨型 Ⅲ 降雨至 32 h 时饱和度变化出现峰值拐点而后缓慢下降至约为 0.104，而雨型 Ⅱ 在降雨历时约 24 h 时饱和度一直上升至顶峰（约为 0.106），24 h 至 48 h 饱和度呈现下降趋势，最终孔隙水压力为 0.098。特征点 C 降雨前饱和度约为 0.081，雨型 Ⅰ 与雨型 Ⅲ 降雨 48 h 过程中的饱和度一直呈现上升趋势，最终雨型 Ⅲ 饱和度上升至约为 0.085，雨型 Ⅰ 饱和度上升至约为 0.083 8，而雨型 Ⅱ 在降雨历时约 24 h 时饱和度一直上升至顶峰（约为 0.083 2），24 h 至 48 h 饱和度呈现下降趋势，最终饱和度为 0.081 2。特征点 D 降雨前饱和度约为 0.080 1，雨型 Ⅰ 降雨 48 h 过程中的饱和度一直呈现上升趋势，最终雨型 Ⅰ 饱和度上升至约为 0.081 1，雨型 Ⅲ 降雨至 32 h 时饱和度变化出现明显拐点而后缓慢上升至约为 0.081 2，而雨型 Ⅱ 在降雨历时约 24 h 时饱和度一直上升至顶峰（约为 0.080 8），24 h 至 48 h 饱和度呈现下降趋势，最终饱和度约为 0.080 1。

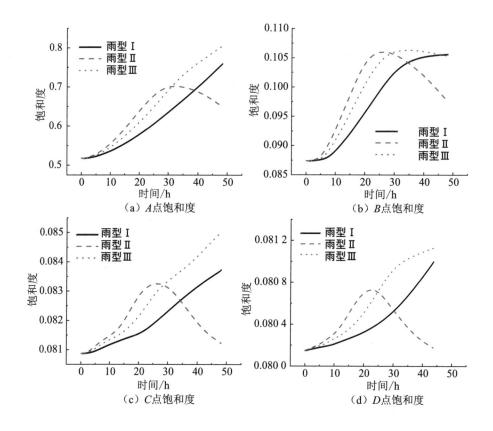

（a）*A* 点饱和度　　　　　　（b）*B* 点饱和度

（c）*C* 点饱和度　　　　　　（d）*D* 点饱和度

图 3-21　不同降雨类型的特征点 *A*、*B*、*C*、*D* 饱和度变化时程曲线

　　分析以上特征点 *A*、*B*、*C*、*D* 的饱和度随时间分布的时程曲线可知，在降雨持续过程中，饱和度的变化随着降雨雨型的变化而变化，且由坡脚至坡顶饱和度的变化与不同降雨类型边坡孔隙水压力的变化越来越相似，这是由于在同一时刻雨水入渗对坡顶的影响作用较为明显，随着土坡深度增加，雨水对土坡的土体影响的作用越来越小，且雨水由坡顶渗透至坡脚存在一定的时间响应延迟情况。

3.4　抗滑桩对土坡稳定性加固效应的数值模拟

3.4.1　抗滑桩模型及参数

本章建立的三维抗滑桩加固后的边坡模型如图 3-22 所示，该模型相关尺寸参数如下：坡度比为 1：2，坡高为 H =15 m，坡体水平长度 L_2 =30 m，坡前缘长度为 L_1 =10 m，坡后缘长度为 L_3 =15 m，模型宽度 W =1.6 m。其中 L_x 为抗滑桩桩体中心至边坡坡脚左端的距离，L_p 为抗滑桩桩长，L_s 为抗滑桩嵌入岩层长度，D 为抗滑桩桩径。边坡采用莫尔—库仑（Mohr—Coulomb）破坏准则以及非相关联流动法则的理想弹塑性本构模型，土坡初始的地下水位位于坡脚处，考虑降雨的作用，但不考虑地震等其他影响因素。模型参数如表 3-2 所示，降雨历时与降雨强度的关系如图 3-23 所示。

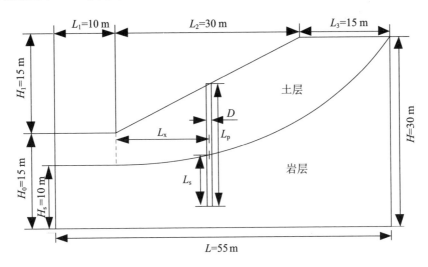

图 3-22　抗滑桩加固后的边坡模型示意图

表 3-2　边坡及抗滑桩物理参数取值

材料 参数	重度 $\gamma/(kN \cdot m^{-3})$	黏聚力 C/kPa	内摩擦角 $\varphi/(°)$	剪胀角 $\Psi/(°)$	泊松比 v	弹性模量 E/MPa
土层	20	20	24	0	0.25	100
岩层	24	74	38	—	0.32	150
桩	24	—	—	—	0.2	35 000

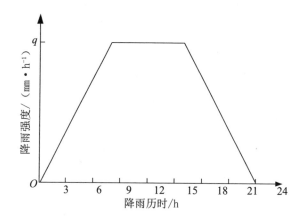

图 3-23　降雨历时与降雨强度的关系（q=8 mm/h、10 mm/h、12 mm/h）

3.4.2　抗滑桩桩位对加固效应的影响

下面研究降雨强度分别为 8 mm/h、10 mm/h、12 mm/h 时不同的抗滑桩桩位对加固边坡的稳定性影响，抗滑桩桩位用加固边坡的位置到坡脚的距离 L_x 来衡量。

（1）工况一：研究当抗滑桩桩位 L_x=5 m，桩径 D=0.6 m，桩长 L_p=15.5 m，抗滑桩嵌入岩层长度 L_s=8 m，降雨时长为 24 h，降雨强度分别为 8 mm/h、10 mm/h、12 mm/h 时抗滑桩对加固土坡稳定性的影响。

图 3-24 为抗滑桩桩位在 L_x=5 m 时，降雨时长 24 h 时不同降雨强度

下土坡的孔隙水压力分布云图。由图 3-24 可知，降雨土边坡坡底、坡顶孔隙水压力分别为 150 kPa、-150 kPa。随着降雨的进行，土坡坡底孔隙水压力分别增至 150.7 kPa、150.8 kPa、151.0 kPa；坡顶孔隙水压力分别增至 -140.6 kPa、-137.7 kPa、-134.2 kPa。降雨时长一定时，随着降雨强度的增加，入渗至土体内部的雨水量也逐渐增长，因而使土坡的孔隙水压力也相应增加。

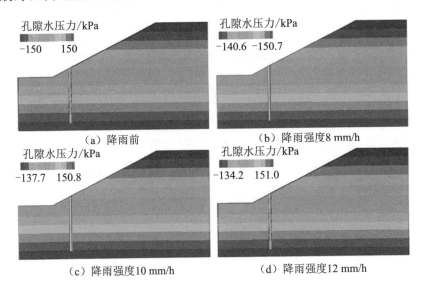

图 3-24　L_x=5 m 时不同降雨强度下土坡的孔隙水压力分布云图

图 3-25（a）为抗滑桩桩位在 L_x=5 m 时的等效塑性应变云图，在雨水的浸润下，土体的抗剪强度逐渐降低，坡脚先出现塑性变形，而后塑性区由坡脚逐渐上升至坡顶，形成近似贯通的圆弧滑动面，土坡失稳；最大塑性区出现在土坡中部、岩层上方，而岩层并未出现塑性区。图 3-25（b）为抗滑桩桩位在 L_x=5 m 时的位移云图，历经一段时间的降雨作用后，边坡表面雨水逐渐渗入土体内部，土体的孔隙水压力增加，基质吸力不断降低，抗剪强度也逐渐降低。土坡失稳后，由于抗滑桩靠近坡脚的位置，所以并未对边坡中部及以上的土体起到阻挡的作用，这部分土体依然会在桩

顶滑出，造成土坡失稳的情况。

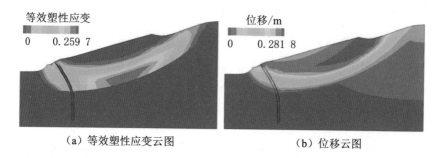

（a）等效塑性应变云图　　　　　　　　（b）位移云图

图 3-25　L_x=5 m 时的等效塑性应变云图及位移云图

图 3-26 反映了抗滑桩桩位在 L_x=5 m 时不同降雨强度下的桩身位移随深度的变化规律。由图 3-26 可知，随着降雨强度的不断增大，土坡土体的重度越来越大，使得桩后土体的推力不断增大，但不同降雨强度下桩体的位移基本重合，嵌固端位移不变，悬臂段位移呈现出缓慢增大的变化规律，且抗滑桩最大位移均位于桩顶处。

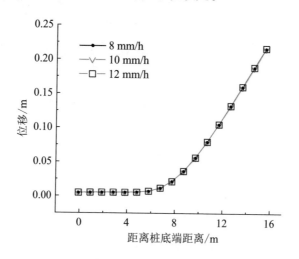

图 3-26　L_x=5 m 时不同降雨强度下的桩体位移图

图 3-27 反映了抗滑桩桩位在 L_x=5 m 时不同降雨强度下的桩身弯矩

的变化规律。由图 3-27 可知，桩身弯矩呈现出先增大后减小的变化规律（纵坐标的负号仅代表方向），抗滑桩最大弯矩均位于土层与岩层交界处。随着降雨强度的不断增加，桩后土体的推力不断增大，但不同降雨强度下抗滑桩弯矩变化曲线重合。

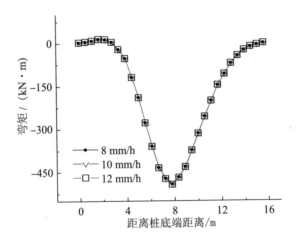

图 3-27　L_x=5 m 时不同降雨强度下的桩体弯矩图

（2）工况二：研究当抗滑桩桩位 L_x=15 m，桩径 D=0.6 m，桩长 L_p=19.23 m，抗滑桩嵌入岩层长度 L_s=8 m，降雨时长为 24 h，降雨强度分别为 8 mm/h、10 mm/h、12 mm/h 时抗滑桩对加固土坡稳定性的影响。

图 3-28 为抗滑桩桩位在 L_x=15 m 时不同降雨强度下土坡的孔隙水压力分布云图。由图 3-28 可知，降雨前边坡坡底、坡顶孔隙水压力分别为 150 kPa、−150 kPa。随着降雨的进行，边坡坡底孔隙水压力分别增至 150.7 kPa、150.8 kPa、151.0 kPa；土坡坡顶孔隙水压力分别增至 −139.8 kPa、−137.6 kPa、−134.2 kPa。在降雨时长一定时，随着降雨强度的增加，大量雨水入渗土坡内部，土坡底部孔隙水压力较高，沿坡面向上而逐渐减小，总降雨量也在逐渐增长，从而导致入渗至土坡内部的雨水量也逐渐增长，使得土坡孔隙水压力也相应地加大。

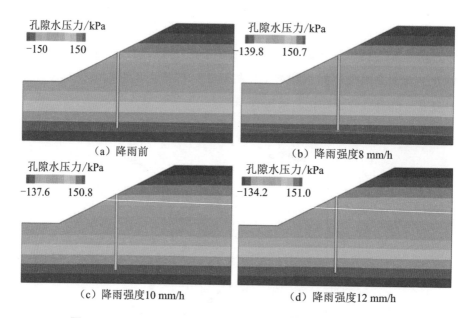

（a）降雨前   （b）降雨强度8 mm/h

（c）降雨强度10 mm/h   （d）降雨强度12 mm/h

图 3-28 L_x=15 m 时不同降雨强度下土坡孔隙水压力分布云图

图 3-29（a）为抗滑桩桩位在 L_x=15 m 时的等效塑性应变云图，在雨水的浸润作用下，土体的抗剪强度逐渐降低，坡脚首先出现塑性区，而后逐渐向坡顶扩展并产生连续贯通的圆弧滑动面，最大塑性区出现在土坡中部土层与岩层的交界处。图 3-29（b）为抗滑桩桩位在 L_x=15 m 时的位移云图，历经一段时间的降雨作用后，土坡表面雨水逐渐渗入土体内部，土体的孔隙水压力增加，基质吸力不断降低，抗剪强度也逐渐降低。由于抗滑桩位于边坡中部位置，因此当土坡失稳时，抗滑桩对边坡的土体起一定的阻挡作用，一定程度上提高了边坡的稳定性。

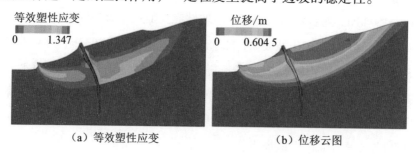

（a）等效塑性应变   （b）位移云图

图 3-29 L_x=15 m 时等效塑性应变云图及位移云图

图 3-30 反映了抗滑桩桩位在 L_x=15 m 时不同降雨强度下的桩身位移随深度的变化规律。由图 3-30 可知，随着降雨强度的不断加大，桩后土体的推力不断增大，不同降雨强度下，抗滑桩嵌固端位移重合，且抗滑桩最大位移均位于桩顶处。图 3-31 反映了抗滑桩桩位在 L_x=15 m 时不同降雨强度下桩身弯矩随深度的变化规律。由图 3-31 可知，不同降雨强度下，抗滑桩桩身弯矩随深度的增加呈现出先增大后减小的变化规律，抗滑桩最大弯矩均位于滑面 8 m 处。随着降雨强度的不断增加，桩后滑坡土体的推力不断增大，抗滑桩在土层与岩层交界处的弯矩值越来越大。

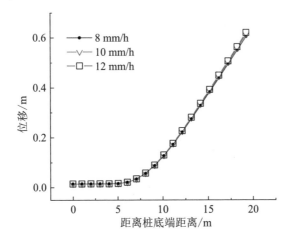

图 3-30　L_x=15 m 时不同降雨强度下的桩体位移图

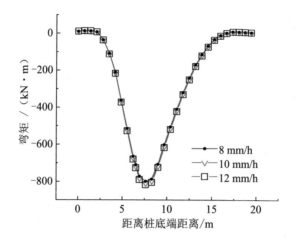

图 3-31 L_x=15 m 时不同降雨强度下的桩体弯矩图

（3）工况三：研究当抗滑桩桩位 L_x=25 m，桩径 D=0.6 m，桩长 L_p=20.89 m，抗滑桩嵌入岩层长度 L_s=8 m，降雨时长为 24 h，降雨强度分别为 8 mm/h、10 mm/h、12 mm/h 时抗滑桩对加固土坡稳定性的影响。

图 3-32 为抗滑桩桩位 L_x=25 m 时不同降雨强度下土坡的孔隙水压力分布云图。从图 3-32 可知，降雨前边坡坡底、坡顶孔隙水压力分别为 150 kPa、−150 kPa。降雨强度为 8 mm/h、10 mm/h、12 mm/h 降雨 24 h 后，边坡坡底孔隙水压力分别增至 150.6 kPa、150.7 kPa、150.9 kPa；坡顶孔隙水压力分别增至 −140.6 kPa、−137.6 kPa、−134.3 kPa。边坡的孔隙水压力分布沿着边坡的深度向上逐渐减少，在边坡的底部地基部分孔隙水压力最高，降雨强度的改变会对边坡的最大孔隙水压力产生影响。在降雨时长一定时，随着降雨强度的增加，总降雨量逐渐增长，入渗至边坡内部的雨水量也逐渐增长，边坡的孔隙水压力也相应地增长。

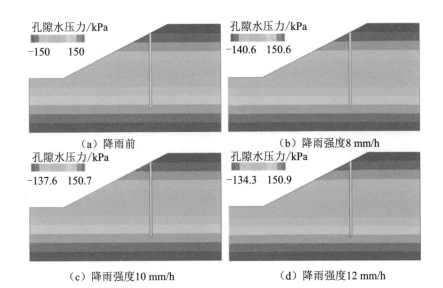

（a）降雨前　　　　　　　　　　　（b）降雨强度 8 mm/h

（c）降雨强度 10 mm/h　　　　　　　（d）降雨强度 12 mm/h

图 3-32　L_x=25 m 时不同降雨强度下土坡孔隙水压力分布云图

图 3-33（a）为抗滑桩桩位 L_x=25 m 时的等效塑性应变云图，在雨水浸润的作用下，土体的抗剪强度逐渐降低，边坡坡脚逐渐开始出现塑性变形，而后塑性区域不断向坡顶延伸扩展，形成连续贯通的近似圆弧滑动面，土坡失稳；最大塑性区出现在土坡中部土层与岩层的交界处，而岩层并未出现塑性变形。图 3-33（b）为抗滑桩桩位 L_x=25 m 时的位移云图，历经一段时间的降雨作用后，边坡表面雨水逐渐渗入土体内部，土体的孔隙水压力增加，基质吸力不断降低，抗剪强度逐渐下降。由于抗滑桩靠近坡顶的位置，所以对边坡上部的土体起到阻挡的作用，但边坡中下部的土体依然滑出，造成土坡失稳的情况。

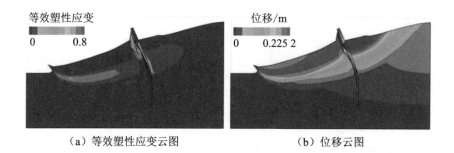

（a）等效塑性应变云图　　　　　　（b）位移云图

图 3-33　L_x=25 m 时等效塑性应变云图及位移云图

图 3-34 反映了抗滑桩桩位 L_x=25 m 时不同降雨强度下桩身位移随深度的变化规律。由图 3-34 可知，随着降雨强度的不断加大，桩后土体的推力不断增大，抗滑桩嵌固端位移基本不变，但悬臂段位移呈现出不断增大的变化规律。

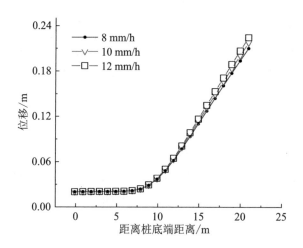

图 3-34　L_x=25 m 时不同降雨强度下的桩体位移图

图 3-35 反映了抗滑桩桩位 L_x=25 m 时不同降雨强度下桩身弯矩随深度的变化规律。由图 3-35 可知，桩身弯矩随深度的增加呈现出先增大后减小的变化规律，抗滑桩最大弯矩均位于距桩底端 8 m 处。随着降雨强度的不断增加，桩后滑坡土体的推力不断增大，造成抗滑桩弯矩在土

层与岩层交界面处越来越大。

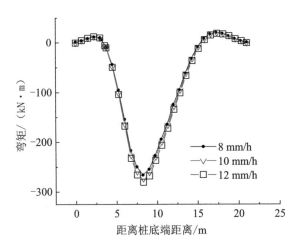

图 3-35　L_x=25 m 时不同降雨强度下的桩体弯矩图

3.4.3　抗滑桩桩长对加固效应的影响

研究降雨强度分别为 8 mm/h、10 mm/h、12 mm/h 时不同的抗滑桩桩长对加固土坡稳定性的影响，抗滑桩桩长分别取 L_p=15.33 m 和 L_p=19.33 m；抗滑桩嵌入岩层长度分别取 L_s=3 m 和 L_s=7 m。

（1）工况一：研究当抗滑桩桩位 L_x=20 m，桩径 D=0.6 m，桩长 L_p=15.33 m，抗滑桩嵌入岩层长度 L_s=3 m，降雨时长为 24 h，降雨强度分别为 8 mm/h、10 mm/h、12 mm/h 时抗滑桩对加固土坡稳定性的影响。

图 3-36 为抗滑桩桩长 L_p=15.33 m、嵌入岩层长度 L_s=3 m 时不同降雨强度下边坡的孔隙水压力分布云图。由图 3-36 可知，降雨前边坡坡底、坡顶孔隙水压力分别为 150 kPa、−150 kPa。降雨 24 h 后，边坡坡底孔隙水压力分别增至 150.6 kPa、150.8 kPa、150.9 kPa；土坡坡顶孔隙水压力分别增至 −140.6 kPa、−137.6 kPa、−134.3 kPa。随着雨水不断向坡底入渗，边坡底部的孔隙水压力较高，沿坡面向上逐渐减小。在降

雨时长一定时，随着降雨强度越来越大，入渗至边坡内部的雨水量增加，因此边坡的孔隙水压力逐渐上升。

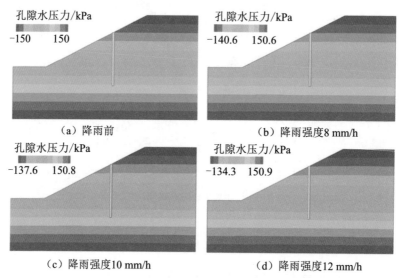

（a）降雨前　　　　　　　　　（b）降雨强度8 mm/h

（c）降雨强度10 mm/h　　　　　（d）降雨强度12 mm/h

图 3-36　L_s=3 m 时不同降雨强度下土坡孔隙水压力分布云图

图 3-37（a）为抗滑桩嵌入岩层长度 L_s=3 m 时的等效塑性应变云图，在雨水的浸润作用下，土体的抗剪强度逐渐降低，后坡脚开始出现塑性变形，塑性区域由坡脚逐渐向坡顶扩展，形成连续贯通的近似圆弧面，土坡失稳破坏。塑性区出现在岩层上部的土层中，岩层并未出现塑性变形。图 3-37（b）为抗滑桩嵌入岩层长度 L_s=3 m 时的位移云图，历经一段时间的降雨作用后，边坡表面雨水逐渐渗入土体内部，土体的孔隙水压力增加，基质吸力不断降低，抗剪强度也逐渐降低。由于抗滑桩嵌入岩层中的嵌固长度较短，桩体的抗倾覆能力较小，因此岩层提供的锚固作用较小，桩身水平位移较大。

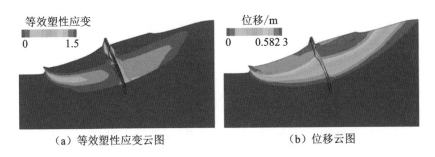

（a）等效塑性应变云图　　　　　　（b）位移云图

图 3-37　L_s=3 m 时等效塑性应变云图及位移云图

图 3-38 反映了抗滑桩桩长 L_p=15.33 m，嵌入岩层长度 L_s=3 m 时不同降雨强度下桩身位移随深度的变化规律。由图 3-38 可知，随着降雨强度的不断增加，桩后土体的推力不断增大，桩顶位移不断增大。当嵌固深度为 3 m 时，随着降雨强度的不断增加，抗滑桩的后缘推力不断增大，造成抗滑桩位移逐渐增加，桩身变形差异明显，表明这一阶段嵌固深度对抗滑桩变形的影响较大。

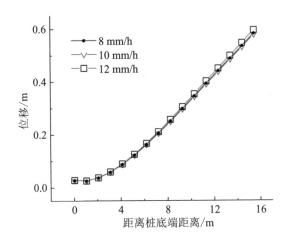

图 3-38　L_s=3 m 时不同降雨强度下的桩体位移图

图 3-39 反映了抗滑桩桩长 L_p=15.33 m，嵌入岩层长度 L_s=3 m 时不同降雨强度下桩身弯矩随深度的变化规律。由图 3-39 可知，桩身弯矩随深度的增加呈现出先增大后减小的变化规律，抗滑桩最大弯矩均位于

桩底 3 m 处。随着降雨强度的不断增加，桩后滑坡土体的推力不断增大，抗滑桩弯矩的最大值也偏大。

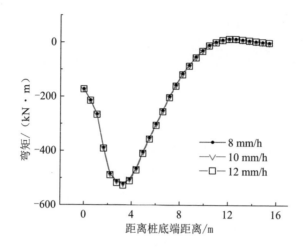

图 3-39　L_s=3 m 时不同降雨强度下的桩体弯矩图

（2）工况二：研究当抗滑桩桩位 L_x=20 m，桩径 D=0.6 m，桩长 L_p=19.33 m，抗滑桩嵌入岩层长度 L_s=7 m，降雨时长为 24 h，降雨强度分别为 8 mm/h、10 mm/h、12 mm/h 时抗滑桩对加固土坡稳定性的影响。

图 3-40 为抗滑桩桩位 L_x=20 m，抗滑桩桩长 L_p=19.33 m，嵌入岩层长度 L_s=7 m 时不同降雨强度下土坡的孔隙水压力分布云图。由图 3-40 得知，降雨前边坡坡底、坡顶孔隙水压力分别为 150 kPa、-150 kPa。降雨 24 h 后，土坡坡底孔隙水压力分别增至 150.6 kPa、150.7 kPa、150.9 kPa；坡顶孔隙水压力增至 -140.5 kPa、-137.6 kPa、-134.3 kPa。在降雨时长一定时，随着降雨强度的不断加大，雨水逐渐向坡底入渗，使得边坡底部的孔隙水压力较高，沿坡面向上逐渐减小。随着总降雨量的增加，入渗至边坡内部的雨水量也逐渐增长，边坡的孔隙水压力也相应地上升。

图 3-41（a）为抗滑桩桩长 L_p=19.33 m，嵌入岩层长度 L_s=7 m 时的等效塑性应变云图，在雨水浸润的作用下，土体的抗剪强度逐渐降低，坡脚先出现塑性变形，而后塑性区域不断从坡脚扩展至坡顶处，形成连续贯通的圆弧滑动面，但抗滑桩有效地阻挡了塑性区的直接贯通，对桩后土体下滑有一定的阻挡作用。图 3-41（b）为抗滑桩桩长 L_p=19.33 m，嵌入岩层长度 L_s=7 m 时的位移云图，历经一段时间的降雨作用后，边坡表面雨水逐渐渗入土体内部，土体的孔隙水压力上升，基质吸力不断降低，抗剪强度也逐渐降低。由于抗滑桩嵌入岩层中的嵌固深度较大，桩体的抗倾覆能力较大，因此岩层所提供的锚固作用较好，桩身位移相对较小。

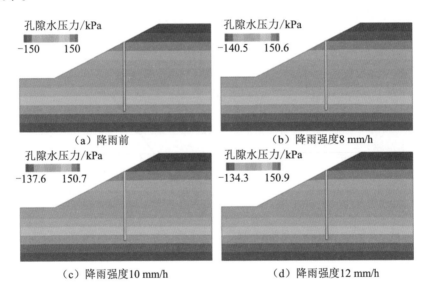

图 3-40　L_s=7 m 时不同降雨强度下土坡孔隙水压力分布云图

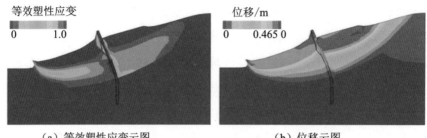

（a）等效塑性应变云图　　　　　　（b）位移云图

图 3-41　L_s=7 m 时等效塑性应变云图及位移云图

　　图 3-42 反映了抗滑桩桩长 L_p=19.33 m，嵌入岩层长度 L_s=7 m 时不同降雨强度下桩身位移随深度的变化规律。由图 3-42 可知，随着降雨强度的不断增加，桩后土体的推力不断增大，嵌固端位移基本不变，但悬臂段位移呈现出不断增大的变化规律。

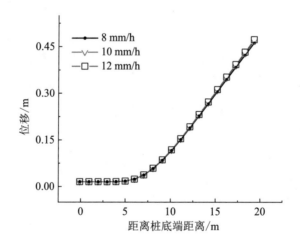

图 3-42　L_s=7 m 时不同降雨强度下的桩体位移图

　　图 3-43 反映了抗滑桩桩长 L_p=19.33 m，嵌入岩层长度 L_s=7 m 时不同降雨强度下桩身弯矩随深度的变化规律。由图 3-43 可知，桩身弯矩随深度的增加呈现出先增大后减小的变化规律，抗滑桩最大弯矩均位于距离抗滑桩的底端 7 m 处。随着降雨强度的不断增加，桩后滑坡土体的

推力不断增大，造成抗滑桩弯矩在最大值处越来越大。

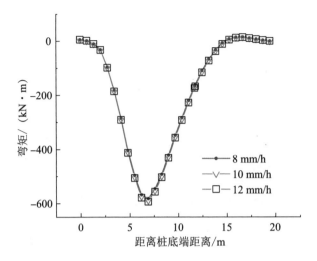

图 3-43　L_s=7 m 时不同降雨强度下的桩体弯矩图

3.4.4　抗滑桩桩径对加固效应的影响

研究降雨强度分别为 8 mm/h、10 mm/h、12 mm/h 时不同的抗滑桩桩径对加固土坡稳定性的影响，抗滑桩桩径分别选取 D=0.4 m 和 D=0.6 m来研究。

（1）工况一：研究当抗滑桩桩位 L_x=20 m，桩径 D=0.4 m，桩长 L_p=20.33 m，抗滑桩嵌入岩层长度 L_s=8 m，降雨时长为 24 h，降雨强度分别为 8 mm/h、10 mm/h、12 mm/h 时抗滑桩对加固土坡稳定性的影响。

图 3-44 为抗滑桩桩位在 L_x=20 m，桩径 D=0.4 m 时不同降雨强度下土坡的孔隙水压力分布云图。由图 3-44 可知，降雨前土坡坡底、坡顶孔隙水压力分别为 150 kPa、−150 kPa。降雨 24 h 后，土坡坡底孔隙水压力分别增至 150.6 kPa、150.7 kPa、150.9 kPa；坡顶孔隙水压力分别增至 −140.5 kPa、−137.5 kPa、−134.3 kPa。随着降雨的进行，雨水逐渐

向坡底入渗，土坡底部的孔隙水压力较高，沿坡面向上逐渐减小。降雨时长一定时，随着降雨强度的不断加大，总降雨量增加，入渗至边坡内部的雨水量也逐渐增加，边坡的孔隙水压力也相应地上升，说明降雨强度对边坡的孔隙水压力有一定的影响。

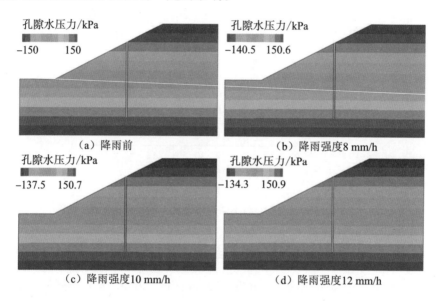

（a）降雨前 　　　　　　　　（b）降雨强度8 mm/h

（c）降雨强度10 mm/h 　　　　　（d）降雨强度12 mm/h

图3-44　D=0.4 m时不同降雨强度下土坡孔隙水压力分布云图

图3-45（a）为抗滑桩桩位在L_x=20 m、桩径D=0.4 m时的等效塑性应变云图，随着降雨不断入渗边坡内部，土体的抗剪强度逐渐降低，抗滑桩桩后土体的重度持续加大，土层表面出现挤压、隆起等变形，土坡坡脚开始出现塑性区，由坡脚扩展至坡顶并形成连续贯通的近似圆弧滑动面，当桩后土体的推力达到一定值时，抗滑桩折断，土坡发生整体滑移破坏。图3-45（b）为抗滑桩桩位在L_x=20 m、桩径D=0.4 m时的位移云图，随着降雨强度的增加，边坡表面雨水逐渐渗入土体内部，土体的孔隙水压力增加，土体的基质吸力不断降低，抗剪强度也逐渐降低。当桩后土体的推力达到一定值时，滑坡发生整体滑移破坏，抗滑桩折断，土坡土体滑出，土坡失稳。

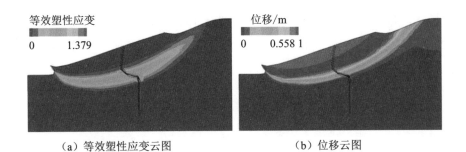

（a）等效塑性应变云图　　　　　（b）位移云图

图 3-45　$D=0.4$ m 时等效塑性应变云图及位移云图

图 3-46 反映了抗滑桩桩位在 $L_x=20$ m、桩径 $D=0.4$ m 时不同降雨强度下桩身位移随深度的变化规律。由图 3-46 可知，随着降雨强度的不断增加，桩后土体的推力不断增大，当土体推力达到一定值时，滑坡瞬时发生整体滑移破坏，抗滑桩折断。并且，抗滑桩 0～8 m 时嵌固段的位移基本可以忽略不计，而土层与岩层交界面处抗滑桩折断，因此悬臂段位移瞬间突变。

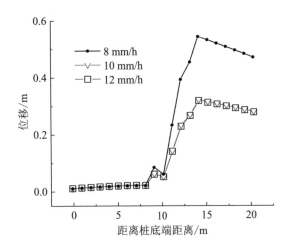

图 3-46　$D=0.4$ m 时不同降雨强度下的桩体位移图

图 3-47 反映了抗滑桩桩位在 $L_x=20$ m、桩径 $D=0.4$ m 时不同降雨强度下桩身弯矩随深度的变化规律。由图 3-47 可知，随着降雨强度的不

断增加，桩后土体的推力不断增大，当土体推力达到一定值时，滑坡瞬时发生整体滑移破坏，抗滑桩折断，而抗滑桩此时的弯矩恒定为零。

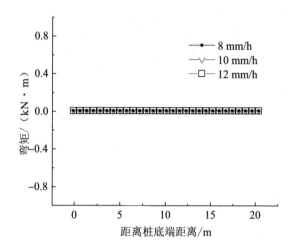

图 3-47　D=0.4 m 时不同降雨强度下的桩体弯矩图

（2）工况二：研究当抗滑桩桩位 L_x=20 m，桩径 D=0.6 m，桩长 L_p=20.33 m，抗滑桩嵌入岩层长度 L_s=8 m，降雨时长为 24 h，降雨强度分别为 8 mm/h、10 mm/h、12 mm/h 时抗滑桩对加固土坡稳定性的影响。

图 3-48 为抗滑桩桩位在 L_x=20 m、桩径 D=0.6 m 时不同降雨强度下边坡的孔隙水压力分布云图。由图 3-48 可知，降雨前边坡坡底、坡顶孔隙水压力分别为 150 kPa、-150 kPa。降雨一定时长后，边坡坡底、坡顶孔隙水压力分别增至 150.6 kPa、150.7 kPa、150.9 kPa；土坡坡顶孔隙水压力分别增至 -140.5 kPa、-137.5 kPa、-134.3 kPa。随着降雨的进行，雨水逐渐向坡底入渗，使得边坡底部的孔隙水压力较高，沿坡面向上逐渐减小。在降雨时长一定时，随着降雨强度的增加，入渗至边坡内部的雨水量也逐渐增长，边坡的孔隙水压力也相应地增长。

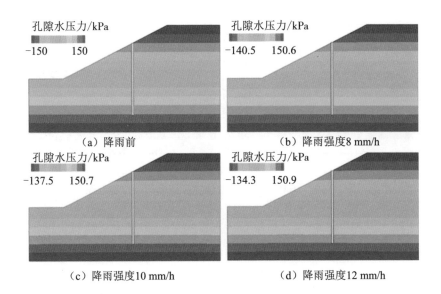

图 3-48　D=0.6 m 时不同降雨强度下土坡分布云图

图 3-49（a）为抗滑桩桩位在 L_x=20 m、桩径 D=0.6 m 时的等效塑性应变云图，在雨水浸润的作用下，边坡的抗剪强度逐渐降低，坡脚开始出现塑性区，而后塑性区域由坡脚扩展至坡顶并形成连续贯通的近似圆弧滑动面，最大塑性区出现在土坡中部土层与岩层的交界处，而岩层并未出现塑性区。图 3-49（b）为抗滑桩桩位在 L_x=20 m、桩径 D=0.6 m 时的位移云图，历经一段时间的降雨作用后，边坡表面雨水逐渐渗入土体内部，土体的孔隙水压力增加，基质吸力不断降低，抗剪强度也逐渐降低。但与桩径 D=0.4 m 时的位移云图进行对比发现，桩径 D=0.6 m 时的抗滑桩并未出现折断的现象，说明其有效增强了土坡稳定性。

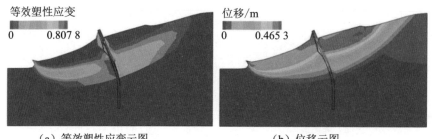

（a）等效塑性应变云图　　　　　　　（b）位移云图

图 3-49　D=0.6 m 时等效塑性应变云图及位移云图

图 3-50 反映了抗滑桩桩位在 L_x=20 m、桩径 D=0.6 m 时不同降雨强度下桩身位移随深度的变化规律。由图 3-50 可知，随着降雨强度的不断增加，桩后土体的推力不断增大，抗滑桩嵌固端位移不变，但悬臂段位移呈现出不断增大的变化规律。

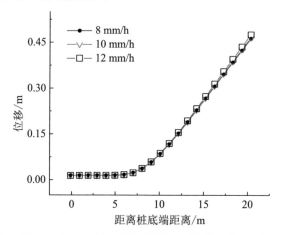

图 3-50　D=0.6 m 时不同降雨强度下的桩体位移图

图 3-51 反映了抗滑桩桩位在 L_x=20 m、桩径 D=0.6 m 时不同降雨强度下桩身弯矩随深度的变化规律。由图 3-51 可知，桩身弯矩随深度的增加呈现出先增大后减小的变化规律，抗滑桩最大弯矩均位于距离桩底端 8 m 处。随着降雨强度的不断增加，桩后滑坡土体的推力不断增大，造成抗滑桩弯矩在最大值处越来越大。

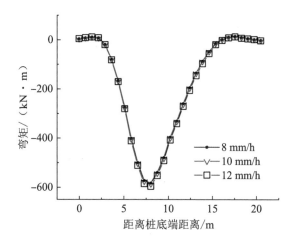

图 3-51　D=0.6 m 时不同降雨强度下的桩体弯矩图

3.5　本章小结

本章基于强度折减法及桩土耦合模型，应用有限元软件 ABAQUS 分别研究了坡顶载荷及水土耦合对土坡稳定性的影响，并分析了抗滑桩对土坡加固的影响。本章的主要结论如下。

（1）在坡顶载荷及水土耦合的影响下，随着土体内雨水入渗总量的增加，坡顶未施加载荷时，土坡特征点所产生的孔隙水压力与饱和度不断上升，但边坡的安全系数在逐渐降低；坡顶施加一定载荷后，土坡特征点所产生的孔隙水压力与饱和度也不断上升，但边坡的安全系数因此一步下降。坡顶载荷的增加并未对土坡内特征点的孔隙水压力和饱和度造成影响，但土坡失稳时的安全系数随着坡顶载荷的增加而减小。

（2）在抗滑桩对加固土坡稳定性的影响方面，当抗滑桩靠近桩脚或坡顶时，其在土坡失稳时对边坡的加固效果并不明显；当抗滑桩位于土坡中上部时，其在土坡失稳时对加固土坡作用效果明显。当抗滑桩在岩层中的嵌固深度较短时，土坡抗倾覆能力较弱，极易造成土坡失稳；当抗滑桩在岩层中的嵌固深度增加到一定值时，土坡的抗倾覆能力提高，

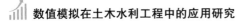

土坡的稳定性增加。当桩径较小时，随着雨水逐渐入渗土体，土坡土体的抗剪强度逐渐降低，抗滑桩后土体的重度持续增加，当桩后土体的推力达到一定值时，滑坡发生整体滑移破坏，抗滑桩折断，土坡失稳；随着桩径的增加，抗滑桩承受桩后土体的能力逐渐增加，有效地提高了土坡的稳定性。

第4章 基于应变软化和流变模型的
土体大变形物质点法模拟研究

4.1 概述

土体大变形问题会对人类的生命财产安全产生严重的威胁。滑坡的形成过程可分为三个阶段：孕育阶段、滑动阶段和逐渐稳定阶段。在滑坡的孕育阶段，斜坡土体在重力和其他外界因素的影响下发生缓慢、微小的变形，出现局部拉张或剪切破坏；随着破坏区域增大，坡体变形速率不断增加，当滑动面贯通时，土体即沿着滑动面滑出，进入滑动阶段；土体滑动过程中伴随着能量耗散，滑动面上土体的滑动速度逐渐降低，直至最后停止，达到新的平衡，即进入逐渐稳定阶段。土体大变形地质灾害的模拟一直是地质工程领域的重要课题。采用数值模拟研究复杂的土体大变形问题，既节约了试验成本，也提高了计算效率。自然界中的土体大变形灾害通常是由多种因素共同作用导致的，根据相应的地质条件合理地引用精确的本构模型，以更加真实地反映变形破坏以及运动过程的实际情况，是数值模拟的初衷。

本章针对目前土体颗粒流动过程模拟中存在的具体问题，开展滑坡动力过程的物质点法模拟研究。首先，在不考虑孔隙水压力的条件下考虑软化过程模拟滑坡局部剪切破坏过程，分析土体参数对滑坡剪切演化及滑坡变形的影响；其次，基于物质点法常用的计算格式，结合不同的材料模型，与有限元法或实验结果进行对比，分析研究方法的可靠性；最后，通过流变模型结合物质点法分析土体变形破坏过程，通过具体算例验证研究方法的有效性。

4.2　物质点法基本理论及土体本构模型

物质点法采用拉格朗日法和欧拉法双重描述：将材料区域离散为若干物质点，这些物质点携带材料区域的物质信息，包括质量、动量、应力、应变等，能够跟随物体运动而运动，便于时时追踪物质信息随时间的变化规律，同时易于处理与变形历史相关的材料本构模型，且不存在网格畸变问题；采用欧拉背景网格进行空间导数和运动方程的求解，以及实现各物质点间的相互作用和联系，解决了粒子搜索算法的耗时问题，同时有利于本质边界条件的施加。因此其既发挥了拉格朗日法和欧拉法各自的优点，又避免了各自的不足。物质点法求解示意如图4-1所示。

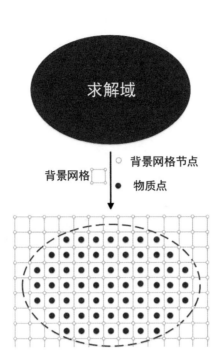

图 4-1　物质点法求解示意图

在每一个计算时间步，先将物质点携带的物质信息映射到背景网格节点上，在背景网格节点上求解运动方程之后，再将网格节点信息映射回物质点，更新物质点信息，并为下一计算时间步做准备。物质点法求解过程如图 4-2 所示。

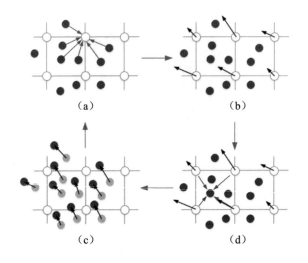

（a） （b）

（c） （d）

图 4-2 物质点法求解过程

4.2.1 控制方程

在连续介质力学中，可将物体看作质点的连续集合。各质点在不同时刻所在的空间位置不同，在某一时刻，质点所占据的空间区域集合称为构形。物体在 $t=0$ 时刻所占据的空间区域称为初始构形，记为 Ω_0 ；物体在 t 时刻所占据的空间区域称为现时构形，记为 Ω ，如图 4-3 所示。在更新拉格朗日格式中，以现时构形为参考构形，即在现时构形上进行虚功方程的积分，各物理量的导数均在空间坐标上求得。更新拉格朗日格式的控制方程包含质量守恒、动量守恒和能量守恒三个基本方程。

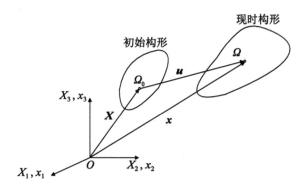

图 4-3　初始构形和现时构形

1.质量守恒

物体的总质量为

$$m = \int\limits_{\Omega} \rho(x,t) \mathrm{d}V \qquad (4-1)$$

式中：m 为物体质量；Ω 为体积域；$\rho(x,t)$ 为现时构形中物体的密度。

质量守恒要求质量的物质导数为 0，即

$$\frac{\mathrm{D}m}{\mathrm{D}t} = \frac{\mathrm{D}}{\mathrm{D}t} \int\limits_{\Omega} \rho(x,t) \mathrm{d}V = \int\limits_{\Omega} \left(\frac{\mathrm{d}\rho(x,t)}{\mathrm{d}t} + \rho(x,t) \frac{\partial v_k}{\partial x_k} \right) \mathrm{d}V = 0 \qquad (4-2)$$

得系统的质量守恒方程：

$$\frac{\mathrm{d}\rho}{\mathrm{d}t} + \rho \frac{\partial v_k}{\partial x_k} = 0 \qquad (4-3)$$

2.动量守恒

物体的动量为

$$p_i(t) = \int\limits_{\Omega} \rho(x,t) v_i(x,t) \mathrm{d}V \qquad (4-4)$$

由动量定理可知，物体动量的物质导数等于作用于系统上的外力之和，有

$$\frac{p_i(t)}{Dt} = \int_{\Omega} \rho(x,t)b_i(x,t)\mathrm{d}V + \int_{\Gamma} t_i(x,t)\mathrm{d}A \qquad (4-5)$$

根据式（4-4），式（4-5）中的左端项可写为

$$
\begin{aligned}
\frac{\mathrm{D}p_i(t)}{\mathrm{D}t} &= \frac{\mathrm{D}}{\mathrm{D}t}\int_{\Omega}\rho(x,t)v_i(x,t)\mathrm{d}V \\
&= \int_{\Omega}\left[\frac{\mathrm{d}\left[\rho(x,t)v_i(x,t)\right]}{\mathrm{d}t} + \rho(x,t)v_i(x,t)\frac{\partial v_k}{\partial x_k}\right]\mathrm{d}V \\
&= \int_{\Omega}\left[\rho(x,t)\frac{\mathrm{d}v_i(x,t)}{\mathrm{d}t} + v_i(x,t)\frac{\mathrm{d}\rho(x,t)}{\mathrm{d}t} + \rho(x,t)v_i(x,t)\frac{\partial v_k}{\partial x_k}\right]\mathrm{d}V \\
&= \int_{\Omega}\rho(x,t)\frac{\mathrm{d}v_i(x,t)}{\mathrm{d}t}\mathrm{d}V + \int_{\Omega}v_i(x,t)\left[\frac{\mathrm{d}\rho(x,t)}{\mathrm{d}t} + \rho(x,t)\frac{\partial v_k}{\partial x_k}\right]\mathrm{d}V
\end{aligned}
\qquad (4-6)
$$

将质量守恒方程式（4-3）代入式（4-6），得

$$\frac{\mathrm{D}p_i(t)}{\mathrm{D}t} = \int_{\Omega}\rho(x,t)\frac{\mathrm{d}v_i(x,t)}{\mathrm{d}t}\mathrm{d}V \qquad (4-7)$$

类似地，对任意函数 Φ 均有

$$\frac{\mathrm{D}}{\mathrm{D}t}\int_{\Omega}\rho(x,t)\Phi\mathrm{d}V = \int_{\Omega}\rho(x,t)\frac{\mathrm{d}\Phi}{\mathrm{d}t}\mathrm{d}V \qquad (4-8)$$

式（4-5）右端的第二项采用应力边界条件和高斯定理可写为

$$\int_{\Gamma}t_i(x,t)\mathrm{d}A = \int_{\Gamma}\sigma_{ji}n_i\mathrm{d}V = \int_{\Omega}\frac{\partial \sigma_{ji}}{\partial x_j}\mathrm{d}V \qquad (4-9)$$

将式（4-7）和式（4-9）代入式（4-5），整理得

$$\int_{\Omega}\left[\rho\frac{\mathrm{d}v_i}{\mathrm{d}t} - \rho b_i - \frac{\partial \sigma_{ji}}{\partial x_j}\right]\mathrm{d}V = 0 \qquad (4-10)$$

由此得系统的动量守恒方程为

$$\rho \frac{\mathrm{d}v_i}{\mathrm{d}t} - \rho b_i - \frac{\partial \sigma_{ji}}{\partial x_j} = 0 \qquad (4\text{-}11)$$

3. 能量守恒

系统的总能量为

$$E(t) = \iint_{\Omega} \left[\rho(x,t)e(x,t) + \frac{1}{2}\rho(x,t)v_i^2(x,t) \right] \mathrm{d}V \qquad (4\text{-}12)$$

式中：e 为系统的比内能。

由热力学第一定律可知，系统总能量的变化率等于外力对系统做功的功率和系统净热流量之和，得

$$\frac{\mathrm{D}E(t)}{\mathrm{D}t} = \int_{\Omega} \rho s \mathrm{d}V + \int_{\Omega} \rho v_i b_i \mathrm{d}V - \int_{\Gamma} n_i q_i \mathrm{d}A + \int_{\Gamma} v_i t_i \mathrm{d}A \qquad (4\text{-}13)$$

式中：s 为热源；q_i 为热流（即单位时间内通过垂直于 x_i 方向的单位面积上向物体外输运的热量）。

根据式（4-8）和式（4-12），式（4-13）左端项可写为

$$\frac{\mathrm{D}E(t)}{\mathrm{D}t} = \frac{\mathrm{D}}{\mathrm{D}t}\int_{\Omega}\left(\rho e + \frac{1}{2}\rho v_i^2\right)\mathrm{d}V = \int_{\Omega}\left(\rho \frac{\mathrm{d}e}{\mathrm{d}t} + \rho v_i \frac{\mathrm{d}v_i}{\mathrm{d}t}\right)\mathrm{d}V \qquad (4\text{-}14)$$

由高斯定理，式（4-13）左端第三项可写为

$$\int_{\Gamma} n_i q_i \mathrm{d}A = \int_{\Omega} \frac{\partial q_i}{\partial x_i}\mathrm{d}V \qquad (4\text{-}15)$$

由高斯定理和应力边界条件，式（4-13）左端最后一项可写为

$$\begin{aligned}
\int_{\Gamma} v_i t_i \mathrm{d}A &= \int_{\Gamma} v_i n_j \sigma_{ji}\mathrm{d}A = \int_{\Omega}\frac{\partial(v_i\sigma_{ji})}{\partial x_j}\mathrm{d}V \\
&= \int_{\Omega}\left(\sigma_{ji}\frac{\partial v_i}{\partial x_j} + v_i\frac{\partial \sigma_{ji}}{\partial x_j}\right)\mathrm{d}V
\end{aligned} \qquad (4\text{-}16)$$

式中：$\dfrac{\partial v_i}{\partial x_j}$ 可分解为对称部分和反对称部分之和，即

$$\begin{aligned}\frac{\partial v_i}{\partial x_j} &= \frac{1}{2}\left(\frac{\partial v_i}{\partial x_j}+\frac{\partial v_j}{\partial x_i}\right)+\frac{1}{2}\left(\frac{\partial v_i}{\partial x_j}-\frac{\partial v_j}{\partial x_i}\right)\\ &= D_{ij}+\Omega_{ij}\end{aligned} \quad (4\text{-}17)$$

将式（4-17）代入式（4-16），有

$$\begin{aligned}\int_{\Gamma} v_i t_i \mathrm{d}A &= \int_{\Omega}\left(\sigma_{ji}D_{ji}-\sigma_{ji}\Omega_{ji}+v_i\frac{\partial\sigma_{ji}}{\partial x_j}\right)\mathrm{d}V\\ &= \int_{\Omega}\left(\sigma_{ji}D_{ji}+v_i\frac{\partial\sigma_{ji}}{\partial x_j}\right)\mathrm{d}V\end{aligned} \quad (4\text{-}18)$$

将式（4-18）、式（4-15）和式（4-14）代入式（4-13），整理得

$$\int_{\Omega}\left[\rho\frac{\mathrm{d}e}{\mathrm{d}t}-D_{ij}\sigma_{ij}-\rho s-\frac{\partial q_i}{\partial x_i}+v_i\left(\rho\frac{\mathrm{d}v_i}{\mathrm{d}t}-\frac{\partial\sigma_{ji}}{\partial x_j}-\rho b_i\right)\right]\mathrm{d}V=0 \quad (4\text{-}19)$$

将系统的动量守恒方程式（4-11）代入式（4-19），得系统的能量守恒方程：

$$\rho\frac{\mathrm{d}e}{\mathrm{d}t}-\dot{\varepsilon}_{ij}\sigma_{ij}-\rho s-\frac{\partial q_i}{\partial x_i}=0 \quad (4\text{-}20)$$

4.2.2 物质点离散

在物质点法中，求解域被离散为一系列物质点，这些物质点携带包括质量在内的所有物质信息，通过外力作用在背景网格中运动。在物质点法求解过程中，物质点的数目和单个物质点所携带的质量保持不变，因此质量守恒方程在物质点法中自动满足。对不存在热力交换的非热力学问题，物质点法主要对动量守恒方程进行求解。

若要求动量守恒方程在整个求解域内处处满足，须借助等价弱形式进行求解，即在某种平均意义下满足，取虚位移作为权函数。式（4-11）的等效积分形式为

$$\int_{\Omega} \delta u_i \left(\sigma_{ij,j} + \rho b_i - \rho \ddot{u}_i \right) \mathrm{d}V = 0 \qquad （4-21）$$

式（4-21）左端第一项可写为

$$
\begin{aligned}
\int_{\Omega} \delta u_i \sigma_{ij,j} \, \mathrm{d}V &= \int_{\Omega} \left[\left(\delta u_i \sigma_{ij} \right)_{,j} - \delta u_{i,j} \sigma_{ij} \right] \mathrm{d}V \\
&= \int_{\Gamma} \delta u_i \sigma_{ij} n_j \mathrm{d}A - \int_{\Omega} \delta u_{i,j} \sigma_{ij} \mathrm{d}V \qquad （4-22） \\
&= \int_{\Gamma_u} \delta u_i \sigma_{ij} n_j \mathrm{d}A + \int_{\Gamma_t} \delta u_i \sigma_{ij} n_j \mathrm{d}A - \int_{\Omega} \delta u_{i,j} \sigma_{ij} \mathrm{d}V
\end{aligned}
$$

在本质边界 Γ_u 处，位移已知，即 $\delta u_i |_{\Gamma_u} = 0$；在自然边界 Γ_t 处，应力边界条件为 $\sigma_{ij} n_j |_{\Gamma_t} = \overline{t}_i$，式（4-22）可写为

$$\int_{\Omega} \delta u_i \sigma_{ij,j} \, \mathrm{d}V = \int_{\Gamma_t} \delta u_i \overline{t}_i \mathrm{d}A - \int_{\Omega} \delta u_{i,j} \sigma_{ij} \mathrm{d}V \qquad （4-23）$$

将式（4-23）代入式（4-21），整理得

$$\int_{\Omega} \rho \ddot{u}_i \delta u_i \mathrm{d}V + \int_{\Omega} \sigma_{ij} \delta u_{i,j} \mathrm{d}V - \int_{\Gamma_t} \overline{t}_i \delta u_i \mathrm{d}A - \int_{\Omega} \rho b_i \delta u_i \mathrm{d}V = 0 \qquad （4-24）$$

引入比应力 $\sigma_{ij}^s = \sigma_{ij} / \rho$，比面力 $\overline{t}_i^{\,s} = \overline{t} / \rho$，取边界层厚度为 h，即 $\mathrm{d}A = \mathrm{d}V / h$，则式（4-24）可写为

$$\int_{\Omega} \rho \ddot{u}_i \delta u_i \mathrm{d}V + \int_{\Omega} \rho \sigma_{ij}^s \delta u_{i,j} \mathrm{d}V - \int_{\Gamma_t} \rho \overline{t}_i^{\,s} h^{-1} \delta u_i \mathrm{d}V - \int_{\Omega} \rho b_i \delta u_i \mathrm{d}V = 0 \qquad （4-25）$$

式（4-25）为动量方程和给定面力边界条件下的等效积分弱形式，也称作虚功方程。

物质点法将连续体离散为一系列物质点，其中连续体的密度可写为

$$\rho(x) = \sum_{p=1}^{N_p} m_p \delta \left(x - x_p \right) \qquad （4-26）$$

将式（4-26）代入式（4-25），得将虚功方程的积分形式转化为所

有物质点 N_p 上的求和形式，即物质点离散形式为

$$\sum_{p=1}^{N_p} m_p \ddot{u}_{ip} \delta u_{ip} + \sum_{p=1}^{N_p} m_p \sigma_{ijp}^s \delta u_{ip,j} - \sum_{p=1}^{N_p} m_p \bar{t}_{ip}^s h^{-1} \delta u_{ip} - \sum_{p=1}^{N_p} m_p b_{ip} \delta u_{ip} = 0$$

（4-27）

在物质点中，采用背景网格求解系统动量方程，背景网格节点与物质点之间信息映射通过插值函数来实现，以一维为例，其物质点和节点分布如图 4-4 所示，其中背景网格尺寸长度为 $\mathrm{d}x$，物质点坐标为 x_p，节点坐标为 x_I（I=0，1，2，3，…）。

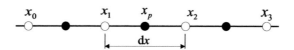

图 4-4　背景网格节点和物质点

一维物质点法的插值形函数及其导数表达式分别为

$$N_{Ip} = \begin{cases} 0, & |x_p - x_I| > \mathrm{d}x \\ 1 - \dfrac{x_p - x_I}{\mathrm{d}x}, & 0 \leqslant x_p - x_I \leqslant \mathrm{d}x \\ 1 - \dfrac{x_I - x_p}{\mathrm{d}x}, & -\mathrm{d}x \leqslant x_p - x_I \leqslant 0 \end{cases}$$

（4-28）

$$\frac{\partial N_{Ip}}{\partial x} = \begin{cases} 0, & |x_p - x_I| > \mathrm{d}x \\ -\dfrac{1}{\mathrm{d}x}, & 0 \leqslant x_p - x_I \leqslant \mathrm{d}x \\ \dfrac{1}{\mathrm{d}x}, & -\mathrm{d}x \leqslant x_p - x_I \leqslant 0 \end{cases}$$

（4-29）

其插值形函数及其导数一维分布分别如图 4-5 和图 4-6 所示。

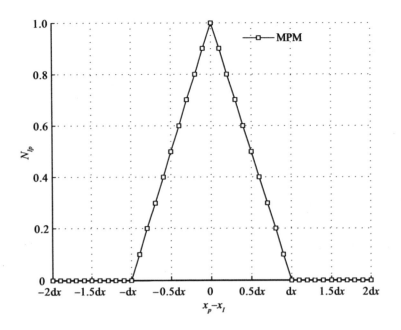

图 4-5　物质点法插值形函数

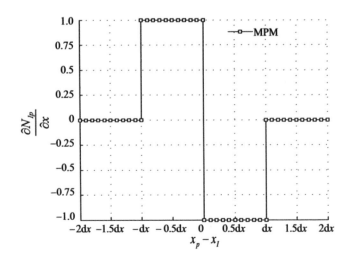

图 4-6　物质点法插值形函数梯度

对三维问题，插值函数一般选用 8 节点六面体有限元形函数，即

$$N_{Ip} = \frac{1}{8}\left(1 + \xi_I\xi_p\right)\left(1 + \eta_I\eta_p\right)\left(1 + \zeta_I\zeta_p\right), \quad I = 1, 2, \cdots, 8 \quad （4-30）$$

式中：$\xi \in [-1,1]$、$\eta \in [-1,1]$、$\zeta \in [-1,1]$ 为自然坐标。

质点 p 的各物理量 f_p（f 表示坐标、质量、位移、速度等）可以由对应各背景网格节点上相应的物理量 f_I 插值得到，即

$$f_p = \sum N_{Ip} f_I \quad （4-31）$$

式（4-27）可写为

$$\sum_{p=1}^{N_p} m_p N_{Ip} \ddot{u}_{iI} \delta u_{iI} + \sum_{p=1}^{N_p} m_p \sigma_{ijp}^s N_{Ip,j} \delta u_{iI} - \sum_{p=1}^{N_p} m_p \bar{t}_{ip}^s h^{-1} N_{Ip} \delta u_{iI}$$
$$- \sum_{p=1}^{N_p} m_p b_{ip} N_{Ip} \delta u_{iI} = 0 \quad （4-32）$$

式中：N_p 为节点 I 所影响的物质点总个数。

考虑 δu_{iI} 的任意性，有

$$\sum_{p=1}^{N_p} m_p N_{Ip} \ddot{u}_{iI} + \sum_{p=1}^{N_p} m_p \sigma_{ijp}^s N_{Ip,j} - \sum_{p=1}^{N_p} m_p \bar{t}_{ip}^s h^{-1} N_{Ip} - \sum_{p=1}^{N_p} m_p b_{ip} N_{Ip} = 0$$
$$（4-33）$$

引入比应力 $\sigma_{ij}^s = \sigma_{ij} / \rho$，比面力 $\bar{t}_i^s = \bar{t} / \rho$，得

$$\sum_{p=1}^{N_p} m_p N_{Ip} \ddot{u}_{iI} + \sum_{p=1}^{N_p} \frac{m_p}{\rho_p} \sigma_{ijp} N_{Ip,j} - \sum_{p=1}^{N_p} \frac{m_p}{\rho_p} \bar{t}_{ip} h^{-1} N_{Ip} - \sum_{p=1}^{N_p} m_p b_{ip} N_{Ip} = 0$$
$$（4-34）$$

式中：σ_{ijp} 表示质点 p 的应力，可由本构方程通过应变张量或应变率张量得到。

若令

$$f_{iI}^{\text{int}} = -\sum_{p=1}^{N_p} \frac{m_p}{\rho_p} \sigma_{ijp} N_{Ip,j}, \quad f_{iI}^{\text{ext}} = \sum_{p=1}^{N_p} \frac{m_p}{\rho_p} \bar{t}_{ip} h^{-1} N_{Ip} + \sum_{p=1}^{N_p} m_p b_{ip} N_{Ip} = 0$$

$$（4-35）$$

则背景网格节点 I 处的运动方程式（4-31）可写为

$$m_I \ddot{u}_{iI} = f_{iI}^{\text{int}} + f_{iI}^{\text{ext}}$$

$$（4-36）$$

4.2.3　算法实现

离散得到的运动方程式（4-36）从数学上看是一个二阶常微分方程组，可应用求解常微分方程组的方法直接求解，目前主要求解方法可分为隐式时间积分算法和显式时间积分算法。隐式时间积分算法一般是无条件稳定的，可以选取较长的时间步长，但其算法复杂、单步计算量大，需要较大的数据存储空间，同时若选取的时间步长较长，则计算误差较大，因此此类方法适用于长时间低频响应问题；显式时间积分算法是条件稳定的，时间步长较短，每个时间步计算无须求解方程组，单步计算量小、算法简单、数据存储空间小。

本章采用显式时间积分算法对运动方程式（4-36）进行求解，对于每一个时间步 Δt，$t+\Delta t$ 时刻的各物理量由 t 时刻的值更新得到，具体算法如下：

（1）将计算区域离散成若干物质点，并布置规则的背景网格。

（2）初始化各物质点的质量、动量等物质信息。

（3）将物质点的质量和动量采用插值形函数映射到相应背景网格节点上，即

$$m_I^t = \sum_{p=1}^{N_p} m_p N_I\left(x_p^t\right)$$

$$（4-37）$$

$$\left(m_I \dot{u}_{iI}\right)^t = \sum_{p=1}^{N_p} \left(m_p \dot{u}_{ip}\right)^t N_{Ii}\left(x_p^t\right)$$

$$（4-38）$$

（4）采用有限元形函数梯度将物质点携带的物质信息映射到网格节点，得到网格节点内力信息，即

$$\left(f_{iI}^{t}\right)^{\text{int}} = -\sum_{p=1}^{N_p} \sigma_{ij}\left(x_p^t\right) N_{Ip,j}\left(x_p^t\right)\frac{m_p}{\rho_p^t} \qquad (4-39)$$

（5）施加面力和体力边界条件，即

$$\left(f_{iI}^{t}\right)^{\text{ext}} = \sum_{p=1}^{N_p} m_p \overline{t}_i\left(x_p^t\right) N_i\left(x_p^t\right)h^{-1}\frac{m_p}{\rho_p^t} + \sum_{p=1}^{N_p} m_p b_i\left(x_p^t\right) N_i\left(x_p^t\right) \qquad (4-40)$$

式中：$\overline{t}_i\left(x_p^t\right)$ 为作用在物体表面的力；$b_i\left(x_p^t\right)$ 为物体的体力。

（6）在背景网格上求解节点加速度 $\ddot{u}_{iI}^{t}$ 和节点速度 $\dot{u}_{iI}^{t+\Delta t}$，即

$$\ddot{u}_{iI}^{t} = \frac{\left(f_{iI}^{t}\right)^{\text{int}} + \left(f_{iI}^{t}\right)^{\text{ext}}}{m_I^t} \qquad (4-41)$$

$$\dot{u}_{iI}^{t+\Delta t} = \frac{\left(m_I \dot{u}_{iI}\right)^t}{m_I^t} + \ddot{u}_{iI}^t \Delta t \qquad (4-42)$$

（7）在背景网格节点上施加本质边界条件。

（8）将背景网格节点上的加速度和速度信息映射回物质点，更新物质点加速度、速度和位置信息，即

$$\ddot{u}_{ip}^{t+\Delta t} = \sum_{I=1}^{N_I} \ddot{u}_{iI}^t N_{iI}\left(x_p^t\right) \qquad (4-43)$$

$$\dot{u}_{ip}^{t+\Delta t} = \dot{u}_{ip}^t + \ddot{u}_{ip}^t \Delta t \qquad (4-44)$$

$$u_{ip}^{t+\Delta t} = u_{ip}^t + \dot{u}_{ip}^{t+\Delta t} \Delta t \qquad (4-45)$$

（9）本章采用 MUSL 积分格式，将更新后物质点的速度信息再次映射回背景网格节点，即

$$\dot{u}_{iI}^{t+\Delta t} = \sum_{p=1}^{N_p} \dot{u}_{ip}^{t+\Delta t} N_{Ip}\left(x_p^t\right) \tag{4-46}$$

（10）在背景网格节点上施加本质边界条件。

（11）采用更新后的背景网格节点速度，计算物质点的应变增量和旋转增量，即

$$\Delta\varepsilon_{ijp}^{t+\Delta t} = \frac{\Delta t}{2}\left(N_{Ip,j}\dot{u}_{iI}^{t+\Delta t} + N_{Ip,i}\dot{u}_{jI}^{t+\Delta t}\right) \tag{4-47}$$

$$\Delta\Omega_{ijp}^{t+\Delta t} = \frac{\Delta t}{2}\left(N_{Ip,j}\dot{u}_{iI}^{t+\Delta t} - N_{Ip,i}\dot{u}_{jI}^{t+\Delta t}\right) \tag{4-48}$$

（12）更新物质点的密度信息，即

$$\rho_p^{t+\Delta t} = \frac{\rho_p^t}{1+\Delta\varepsilon_{iip}^{t+\Delta t}} \tag{4-49}$$

（13）采用本构更新物质点的应力信息，即

$$\sigma_{ijp}^{t+\Delta t} = \sigma_{ijp}^t + f\left(\Delta\varepsilon_{ijp}^{t+\Delta t}, \Delta\Omega_{ijp}^{t+\Delta t}\right) \tag{4-50}$$

式中：对线弹性固体材料的应力本构为

$$\sigma_{ijp}^s = \lambda\varepsilon_{kkp}\delta_{ij} + 2G\varepsilon_{ijp} \tag{4-51}$$

式中：λ 和 G 为拉梅常数；ε_{ijp} 为物质点 p 的应变，分别定义为

$$G = \frac{E}{2(1+\nu)} \tag{4-52}$$

$$\lambda = \frac{E\nu}{(1+\nu)(1-2\nu)} \tag{4-53}$$

$$\varepsilon_{ijp} = \frac{1}{2}\left(u_{i,j}^p + u_{j,i}^p\right) \tag{4-54}$$

对流体材料，其应力张量与应变率张量有关，对牛顿流体，有

$$\sigma_{ijp}^f = 2\mu\dot{\varepsilon}_{ijp} - \frac{2}{3}\mu\dot{\varepsilon}_{kkp}\delta_{ij} - P\delta_{ij} \tag{4-55}$$

式中：P 为静水压力；μ 为流体动力黏度系数；$\dot{\varepsilon}_{ijp}$ 为应变率张量，表达式为

$$\dot{\varepsilon}_{ijp} = \frac{1}{2}\left(\dot{\boldsymbol{u}}_{i,j}^{p} + \dot{\boldsymbol{u}}_{j,i}^{p}\right) \qquad (4-56)$$

而对非牛顿流体，μ 不再为常数，而是与应变率有关。

（14）返回步骤（3）重新开始新的计算时间步。

对于显式时间积分，为了保证计算稳定性，时间步长的选取应满足柯朗—弗里德里希斯—列维（Courant—Friedrichs—Lewy）条件（CFL）。在物质点法中，动量方程在背景网格上进行求解，因此根据 CFL 条件，物质点的临界时间步长与计算网格的大小成正比例，即

$$\Delta t_{\mathrm{cr}} = \frac{l_{\min}^{\mathrm{e}}}{\max\left(c_p + v_p\right)} \qquad (4-57)$$

式中：$l_{\min}^{\mathrm{e}}$ 为最小网格尺寸；c_p 和 v_p 分别为物质点 p 处的波速和真实速度。在具体计算时，一般取时间步长为

$$\Delta t = \alpha_{\mathrm{CFL}}\Delta t_{\mathrm{cr}} \qquad (4-58)$$

式中：α_{CFL} 一般为小于 1 的常数，称为 CFL 数。

4.2.4　土体本构模型

材料模型描述了岩土体在外力作用下土体骨架的应力应变关系。基于物质点法的材料模型有弹性模型和弹塑性模型。根据所采用的屈服准则不同，弹塑性模型有冯·米塞斯（Von Mises）模型、德鲁克—布拉格模型、松岗元—中井（Matsuoka—Nakai）模型和莫尔—库伦模型等。利用 Von Mises 模型并结合总应力分析法可以模拟渐进破坏的饱和土的滑坡。岩土工程中常用的弹塑性模型主要有德鲁克—布拉格模型和莫尔—库伦模型，其中，德鲁克—布拉格模型一般用于内摩擦角较小的软土。

1. 弹性模型

对于各向同性线弹性模型，焦曼应力率和变形率之间的关系表示为

$$\dot{\sigma}_{ij}^{J} = C_{ijkl}\dot{\varepsilon}_{kl} \tag{4-59}$$

式中：C_{ijkl} 为弹性张量，有

$$C_{ijkl} = 2GI_{ijkl} + K\delta_{ij}\delta_{kl} \tag{4-60}$$

$$I_{ijkl} = \frac{1}{2}\left(\delta_{ik}\delta_{jl} + \delta_{il}\delta jk\right) - \frac{1}{3}\delta_{ij}\delta_{kl} \tag{4-61}$$

$$G = \frac{E}{2(1+v)} \tag{4-62}$$

$$K = \frac{E}{3(1-2v)} \tag{4-63}$$

应力张量即偏应力张量和球应力张量的和，得

$$\sigma_{ij} = s_{ij} + \sigma_m\delta_{ij} \tag{4-64}$$

球应力的更新格式为

$$\sigma_m^{k+1} = \sigma_m^{k} + K\dot{\varepsilon}_{ii}\Delta t \tag{4-65}$$

偏应力的更新格式为

$$s_{ij}^{k+1} = s_{ij}^{R^k} + 2G\dot{\varepsilon}'_{ij}\Delta t \tag{4-66}$$

其中

$$s_{ij}^{R^k} = s_{ij}^{k} + \left(s_{il}^{k}\Omega_{jl}^{k} + s_{jl}^{k}\Omega_{il}^{k}\right)\Delta t \tag{4-67}$$

$$\dot{\varepsilon}'_{ij} = \dot{\varepsilon}'_{ij} - \frac{1}{3}\dot{\varepsilon}_{ii}\delta_{ld} \tag{4-68}$$

应力张量的更新格式为

$$\sigma_{ij}^{k+1} = \sigma_m^{k+1} + s_{ij}^{k+1} \tag{4-69}$$

2. 莫尔—库伦模型

莫尔—库伦模型所采用的破坏准则有莫尔—库伦破坏准则和最大拉应力破坏准则，剪切破坏的屈服函数为

$$f^s = \sigma_1 - \sigma_3 N_\varphi + 2c\sqrt{N_\varphi} \qquad (4-70)$$

$$N_\varphi = \frac{1+\sin\varphi}{1-\sin\varphi} \qquad (4-71)$$

式中：φ 为内摩擦角；c 为黏聚力。

对于拉伸破坏，屈服函数为

$$f^t = \sigma_3 - \sigma^t \qquad (4-72)$$

式中：σ^t 为抗拉强度，其最大值为

$$\sigma^t_{max} = \frac{c}{\tan\varphi} \qquad (4-73)$$

莫尔—库伦模型的塑性势函数由剪切塑性势函数和拉伸塑性势函数组成。如果采用非关联性塑性势函数，其剪切塑性势函数可以表示为

$$g^s = \sigma_1 - \sigma_3 N_\psi \qquad (4-74)$$

$$N_\psi = \frac{1+\sin\psi}{1-\sin\psi} \qquad (4-75)$$

式中：ψ 为剪胀角。

拉伸塑性势函数为

$$g^t = -\sigma_3 \qquad (4-76)$$

两种屈服面的区域被函数 $h(\sigma_1, \sigma_3) = 0$ 分为两部分，其表达式为

$$h = \sigma_3 - \sigma^t + a^p(\sigma_1 - \sigma^p) \qquad (4-77)$$

式中：a^p 和 σ^p 分别为

$$a^p = \sqrt{1 + N_\varphi^2} + N_\varphi \qquad (4-78)$$

$$\sigma^{\mathrm{p}} = \sigma^{\mathrm{t}} N_\varphi - 2c\sqrt{N_\varphi} \qquad (4-79)$$

对主应力 σ_1、σ_2、σ_3 及其方向向量 $\boldsymbol{\alpha}_1$、$\boldsymbol{\alpha}_2$、$\boldsymbol{\alpha}_3$ 进行判断，如果主应力超出屈服面则进行应力修正。采用主应力返回映射算法进行应力修正，将屈服面以外的应力映射回弹性区或屈服面上。对于剪切屈服破坏，应力修正为

$$\sigma_1^N = \sigma_1^I - \lambda^S (\boldsymbol{\alpha}_1 - \boldsymbol{\alpha}_2 N_\varphi) \qquad (4-80)$$

$$\sigma_2^N = \sigma_2^I - \lambda^S \boldsymbol{\alpha}_2 (1 - N_\varphi) \qquad (4-81)$$

$$\sigma_3^N = \sigma_3^I - \lambda^S (-\boldsymbol{\alpha}_1 N_\varphi + \boldsymbol{\alpha}_2) \qquad (4-82)$$

其中

$$\boldsymbol{\alpha}_1 = K + \frac{4}{3} G \qquad (4-83)$$

$$\boldsymbol{\alpha}_2 = K - \frac{2}{3} G \qquad (4-84)$$

$$\lambda^S = \frac{f^{\mathrm{s}}(\sigma_1^I, \sigma_3^I)}{(\boldsymbol{\alpha}_1 - \boldsymbol{\alpha}_2 N_\psi) - (-\boldsymbol{\alpha}_1 N_\psi + \boldsymbol{\alpha}_2) N_\psi} \qquad (4-85)$$

对于拉伸屈服，应力修正为

$$\sigma_1^N = \sigma_1^I - (\sigma_3^I - \sigma^{\mathrm{t}}) \frac{\boldsymbol{\alpha}_2}{\boldsymbol{\alpha}_1} \qquad (4-86)$$

$$\sigma_2^N = \sigma_2^I - (\sigma_3^I - \sigma^{\mathrm{t}}) \frac{\boldsymbol{\alpha}_2}{\boldsymbol{\alpha}_1} \qquad (4-87)$$

$$\sigma_3^N = \sigma^{\mathrm{t}} \qquad (4-88)$$

修正后的 σ_{ij}^N 在 $t = k + 1$ 时刻由主应力计算得：

$$\sigma_{ij}^N = [a_1, a_2, a_3] \begin{bmatrix} \sigma_1^N, 0, 0 \\ 0, \sigma_2^N, 0 \\ 0, 0, \sigma_3^N \end{bmatrix} [a_1, a_2, a_3]^{\mathrm{T}} \qquad (4-89)$$

莫尔—库伦屈服准则虽然广泛应用于模拟计算中，但其本身仍然存在缺陷：一方面，莫尔—库伦屈服准则未考虑主应力和静水压力对岩土体材料破坏的影响；另一方面，莫尔—库伦屈服准则在 π 平面上为非规则的六边形，其法线存在突变现象，因此数值计算分析不方便。

3. 德鲁克—布拉格模型

与莫尔—库伦模型相比，德鲁克—布拉格模型的屈服面是光滑的，屈服面的方向不会出现突变。德鲁克—布拉格的屈服函数有两个，分别为剪切屈服函数 F^s 和拉伸屈服函数 F^t。

$$F^s = \sqrt{J_2} + q_\varphi I_1 - k_c \qquad (4-90)$$

$$F^t = \frac{I_1}{3} - \sigma^t \qquad (4-91)$$

式中：J_2 为第二偏应力张量不变量；I_1 为第一应力张量不变量；σ^t 为抗拉强度；q_ϕ 和 k_c 为模型参数。根据在 π 平面上与莫尔—库伦模型的交点不同分为内接德鲁克—布拉格模型、内切德鲁克—布拉格模型和外接德鲁克—布拉格模型，如图 4-7 所示。

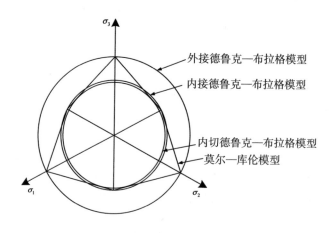

图 4-7　π 平面上模型屈服面示意图

对内接德鲁克—布拉格模型有

$$q_\phi = \frac{2\sin\varphi}{\sqrt{3}\left(3+\sin\varphi\right)} \tag{4-92}$$

$$k_c = \frac{2c}{\sqrt{3}\left(3+\sin\varphi\right)} \tag{4-93}$$

对外接德鲁克—布拉格模型有

$$q_\phi = \frac{2\sin\varphi}{\sqrt{3}\left(3-\sin\varphi\right)} \tag{4-94}$$

$$k_c = \frac{2c}{\sqrt{3}\left(3-\sin\varphi\right)} \tag{4-95}$$

对内切德鲁克—布拉格模型有

$$q_\phi = \frac{\tan\varphi}{\left(9+12\tan^2\varphi\right)} \tag{4-96}$$

$$k_c = \frac{3c}{\left(9+12\tan^2\varphi\right)} \tag{4-97}$$

势函数包括剪切塑性势函数和拉伸塑性势函数，剪切塑性势函数 G^s 为

$$G^s = \sqrt{\boldsymbol{J}_2} + q_\psi \boldsymbol{I}_1 \tag{4-98}$$

式中：q_ψ 为剪胀角的函数，表示为

$$q_\psi = \frac{\tan\psi}{\left(9+12\tan^2\psi\right)} \tag{4-99}$$

如果剪胀角等于内摩擦角，那么塑性势函数等于屈服函数，拉伸塑性势函数 G^t 表示为

$$G^t = \frac{\boldsymbol{I}_1}{3} \tag{4-100}$$

4. 非牛顿流体本构模型

土体颗粒物（如泥石流）既具有固体特性又具有流体特性，是一种典型的非牛顿流体，多采用宾汉姆（Bingham）模型描述其流变特性：

$$\tau_{ij} = \mu_B \dot{\varepsilon}_{ij} + \tau_B \qquad (4-101)$$

$$\tau_{ij} = \mu_B \dot{\varepsilon}_{ij} + \tau_B \qquad (4-102)$$

式中：τ_{ij} 为切应力张量；$\dot{\varepsilon}_{ij}$ 为变形率张量；μ_B 和 τ_B 分别为 Bingham 流体的黏度系数和屈服应力。

在 Bingham 模型中，低应力下材料表现为弹性体。Bingham 模型是一种黏弹性非牛顿流体，下面引入等效黏度系数：

$$\mu_{eff} = \mu_B + \frac{\tau_B}{\dot{\gamma}} \qquad (4-103)$$

式中：$\dot{\gamma}$ 为剪切应变张量二阶不变量，$\dot{\gamma} = \sqrt{\frac{1}{2}\dot{\varepsilon}_{ij}\dot{\varepsilon}_{ij}}$。

通过等效黏度系数 μ_{eff}，可将 Bingham 模型转化为牛顿流体模型：

$$\tau_{ij} = \mu_{eff}\dot{\varepsilon}_{ij} \qquad (4-104)$$

则总的应力张量可写为

$$\sigma_{ij} = -P\delta_{ij} + \tau_{ij} \qquad (4-105)$$

式中：P 为静水压力。

为避免求解压力泊松方程，提升计算效率，基于 Monaghan et al 给出的人工状态方程求解流体的静水压力 P 进行计算：

$$P = \frac{\rho_0 c^2}{r}\left[\left(\frac{\rho}{\rho_0}\right)^r - 1\right] \qquad (4-106)$$

式中：c 为人工声速；ρ_0 和 ρ 分别为流体的初始密度和当前密度；r 为常数，一般取为 7。

对于 Bingham 模型，当 $\dot{\gamma}$ 无限趋近零时，等效黏度系数 μ_{eff} 将趋近于无穷大，导致数值求解的不收敛。为解决这一问题，引入广义 Cross 模型（深度交叉网络）以描述泥石流的非牛顿流体流动，其等效黏度系数可写为

$$\mu_{\mathrm{eff}} = \frac{\mu_0 + \left(K\dot{\gamma}\right)^m \mu_\infty}{1 + \left(K\dot{\gamma}\right)^m} \tag{4-107}$$

式中：μ_0 和 μ_∞ 分别表示流体在低剪切速率和高剪切速率下的黏度系数；K 和 m 为常系数。

当选取 $\mu_\infty = \mu_{\mathrm{B}}$，$\mu_0 = 10\,000\mu_\infty$，$K = \mu_0/\tau_{\mathrm{B}}$，$m = 1$ 时，Cross 模型得到的等效黏度系数和切应力与 Bingham 模型基本一致。

4.3　应变软化模型及参数对土质滑坡大变形的影响

工程实际中，绝大多数原状黏土都会呈现应变软化的特征。土体滑坡失稳破坏并非整个坡体强度同时破坏，而是局部土体先软化，然后软化区域进一步扩大直至贯通形成连续破坏面。本节采用物质点法结合考虑应变软化的德鲁克—布拉格模型，模拟滑坡剪切带演化与滑坡变形破坏的全过程，将土体软化和无软化的模拟结果进行对比，并研究土体强度参数对滑坡变形的影响。

4.3.1　模型及参数

土体软化特性反映强度参数随着塑性应变的演化而降低的情况。软化模型中强度参数与塑性应变的关系可用图 4-8 表示。在区域 1，黏聚力和内摩擦角为常数，分别为峰值黏聚力 c_{p} 和峰值内摩擦角 φ_{p}。随着塑性应变不断增加，进入区域 2，此时土体开始软化，残余内摩擦角和残余黏聚力随着塑性应变的增大而减小，因此在弹塑性本构模型的基础上加入软化公式，将模拟的土体变为软化土体，具体如下：

$$C = C_{r} + (C_{p} - C_{r})e^{-\eta(\varepsilon_{eq} - \varepsilon_{pp})} \qquad (4-108)$$

$$\varphi = \varphi_{r} + (\varphi_{p} - \varphi_{r})e^{-\eta(\varepsilon_{eq} - \varepsilon_{pp})} \qquad (4-109)$$

式中：C_{r} 和 φ_{r} 分别为残余黏聚力和残余内摩擦角；C_{p}、φ_{p} 分别为峰值黏聚力和峰值内摩擦角；η 为影响因子；ε_{eq} 为塑性应变；ε_{pp} 等效塑性应变。

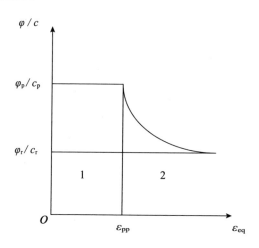

图 4-8　应变软化模型

计算模型的几何尺寸和边界条件如图 4-9 所示。滑坡土体的材料参数如表 4-1 所示。边坡的变形主要受背景网格尺寸及各种应变软化参数的影响，本质上是一个平面应变问题，其厚度取决于背景网格单元大小，滑坡的底部是固定边界条件，两侧是对称边界条件，顶部施加坡顶载荷。背景网格尺寸分别取 0.2 m、0.5 m、0.8 m；残余内摩擦角 φ 分别取 9°、12°、15°；残余黏聚力 C 分别取 3 kPa、6 kPa、9 kPa。以背景网格尺寸为 0.2 m 为例，每个单元网格内含有 8 个物质点，有 72 000 个单元网格，共包含 576 000 个物质点，重力加速度设置为 $g = -9.8$ m/s²。

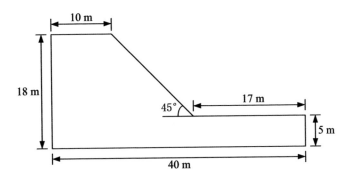

图 4-9　计算模型的几何尺寸和边界条件

表 4-1　滑坡土体的材料参数

密度ρ / (kg·m⁻³)	弹性模量 E/MPa	泊松比υ	内摩擦角 φ/ (°)	黏聚力 C/kPa	残余内摩擦角 φ_{r}/ (°)	残余黏聚力 C_{r}/kPa	剪胀角 ψ/ (°)	抗拉强度 σ_{t}/kPa	软化因子 η
2 000	200	0.35	20	12	12	6	0	0	400

4.3.2　网格收敛性研究

本节研究不同的背景网格尺寸对滑坡变形的影响。具体来说，将土体的峰值塑性应变设置为 0，土体的残余内摩擦角设置为 12°，残余黏聚力设置为 6 kPa，背景网格尺寸分别设置为 0.2 m、0.5 m 和 0.8 m，其余计算参数与表 4-1 中数据相同，通过对比不同的背景网格尺寸来研究滑坡变形的影响。

图 4-10 为在不同的背景网格尺寸所对应的滑坡的无量纲前缘位置的时程曲线。由图 4-10 可知，网格尺寸与前缘位置成反比，且网格尺寸越小，土体滑得越远。图 4-11 为不同的背景网格尺寸所对应的滑坡的无量纲动能的时程曲线。由图 4-11 可知，网格尺寸为 0.2 m 时，动能在 $t=0$ s 时刻启动，在 0.1 ～ 3.3 s 时动能迅速增加，$t=3.3$ s 时动能达到最大值，而后在 3.4 ～ 5.3 s 时动能迅速下降并稳定，最终趋近于 0；网格尺寸为

0.5 m 时，t=3.2 s 时动能达到最大，而后迅速下降并趋于稳定；网格尺寸为 0.8 m 时，t=3.1 s 时达到峰值。由此得出，背景网格尺寸越大，峰值动能就越小。网格尺寸与动能成反比，但差距很小，其动能和前缘位置的时程曲线基本吻合，由此判定背景网格尺寸对滑坡破坏的影响很小。

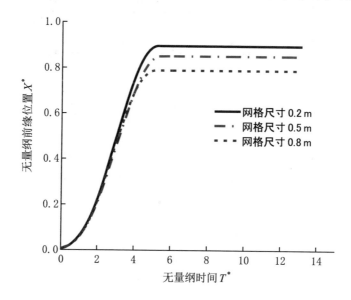

图 4-10　不同的背景网格尺寸下滑坡的无量纲前缘位置曲线

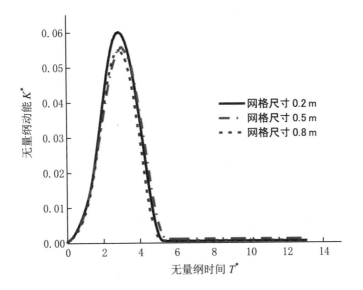

图 4-11　不同的背景网格尺寸下滑坡的无量纲动能曲线

　　图 4-12 为不同的背景网格尺寸条件下，滑坡分别在 t=2.0 s、t=4.0 s 和 t=6.0 s 时刻的等效塑性应变分布云图。由图 4-12 可知，在网格尺寸为 0.2 m、t=2.0 s 时刻，等效塑性应变云图从坡顶开始下压变形，扩展至土坡中部，形成一条塑性区剪切带；而由土坡中部开始，逐渐演化形成三条较细的塑性区剪切带滑裂至坡顶，形成三级滑坡，随着土坡不断演化，土坡塑性区逐渐滑裂变宽为两条且贯穿至坡顶，塑性变形也随之增大；且在同一时刻，网格尺寸越大，呈现的塑性应变就越小。

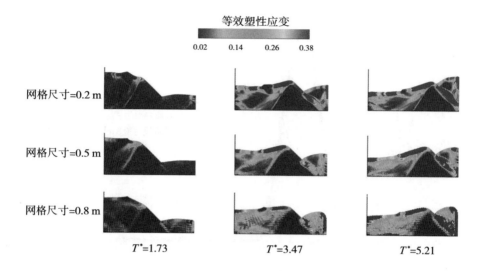

图 4-12　不同的背景网格尺寸下不同时刻滑坡的等效塑性应变分布云图

　　图 4-13 和图 4-14 分别为在相同背景网格尺寸下（0.5 m），考虑应变软化和无软化所对应的时间和前缘位置、动能的曲线图。由图 4-13 和图 4-14 可知，软化后的土体滑移距离远远大于无软化土体的滑移距离，且软化后的动能峰值远远大于无软化土体的动能峰值。另外，两者的前缘位置和动能的时程曲线的单调性基本吻合，其中动能曲线均为先上升，达到峰值后下降，最后趋于稳定；前缘位置曲线均为先上升，到达峰值后趋于平稳。

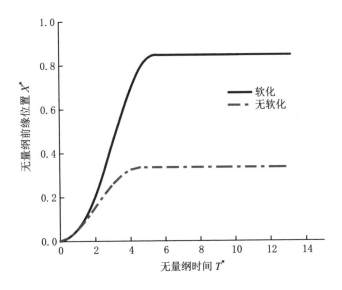

图 4-13　相同背景网格尺寸下土体软化和无软化的无量纲前缘位置曲线

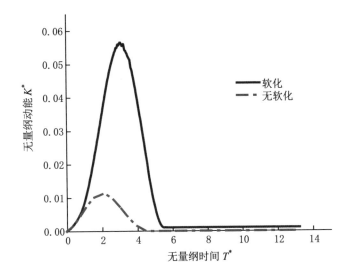

图 4-14　相同背景网格尺寸下土体软化和无软化的无量纲动能曲线

　　图 4-15 为相同背景网格尺寸下（0.5 m），在 $t=2.0$ s、$t=4.0$ s 和 $t=6.0$ s 时刻，土体软化和无软化等效塑性应变分布云图对比。由图 4-15

可知，在相同时刻，软化后的土体变形明显快于无软化的土体，且形成的塑性剪切带也明显大于后者。

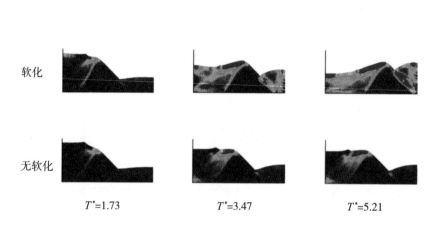

图4-15　相同背景网格尺寸下土体软化与无软化等效塑性应变分布云图

4.3.3　残余内摩擦角的影响

本节研究不同残余内摩擦角对土坡滑动稳定性的影响。具体来说，将土体的残余黏聚力设置为6 kPa，背景网格尺寸设置为0.25 m，残余内摩擦角分别设置为9°、12°和15°。图4-16为不同残余内摩擦角条件下所对应的滑坡无量纲前缘位置的时程曲线。由图4-16可知，三条曲线的单调性基本相同，均先上升到峰值，而后趋于平稳。并且，残余内摩擦角越小，土体滑动的距离就越远，残余内摩擦角与土体滑动的距离成反比。图4-17为不同残余内摩擦角条件下所对应的滑坡无量纲动能的时程曲线。由图4-17可知，三个残余内摩擦角的无量纲动能在0 s时启动并上升，均在2～4 s内达到峰值，而后迅速下降并趋于稳定。并且，残余内摩擦角越小，动能上升和下降的速度越快，其动能的峰值就越大，残余内摩擦角与动能成反比。由此可判断，残余内摩擦角对土体滑坡破坏是有影响的。

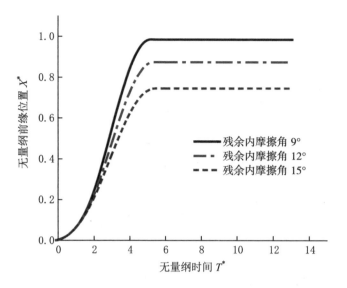

图 4-16　不同残余内摩擦角条件下滑坡的无量纲前缘位置曲线

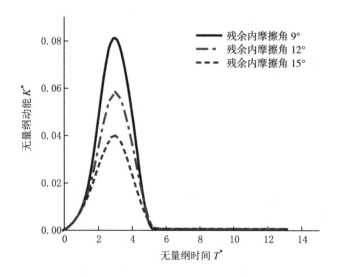

图 4-17　不同残余内摩擦角条件下滑坡的无量纲动能曲线

图 4-18 为不同残余内摩擦角条件下，滑坡分别在 t=2.0 s、t=4.0 s

和 t=7.0 s 时刻的等效塑性应变分布云图。由图 4-18 可知，在残余内摩擦角 φ=12°、t=2.0 s 时刻，等效塑性应变云图由坡顶开始下压变形，扩展至土坡中部，形成一条塑性区剪切带；而由土坡中部开始，逐渐演化形成三条较细的塑性区剪切带滑裂至坡顶，形成滑坡，随着土坡不断演化，土坡塑性区逐渐滑裂变宽且贯穿至坡底，塑性变形也随之增大；且在同一时刻，残余内摩擦角越小，土坡破坏速度越快。由此可知，残余内摩擦角的变化不改变各变形阶段的演化时间，但改变了最终的变形量，最终变形量随着残余内摩擦角的减小而增大。

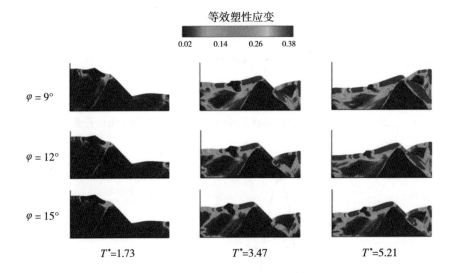

图 4-18　不同残余内摩擦角条件下不同时刻滑坡的等效塑性应变分布云图

图 4-19 和图 4-20 分别为残余内摩擦角相同时（φ=12°），加入应变软化和无软化所对应的时间和前缘位置、动能的时程曲线图。由图 4-19 和图 4-20 可知，软化后的土体滑移距离远远大于无软化土体的滑移距离，且软化后的动能峰值远远大于无软化的动能峰值。并且，两者的前缘位置和动能曲线的单调性基本吻合，其中动能曲线均为先上升，达到峰值后下降，最后趋于稳定；前缘位置曲线均为先上升，到达峰值

后趋于平稳。

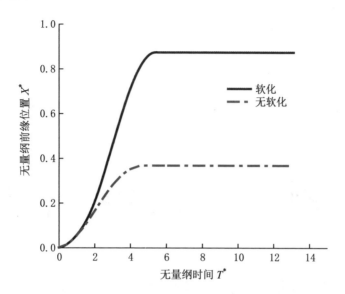

图 4-19　相同残余内摩擦角条件下土体软化和无软化的无量纲前缘位置曲线

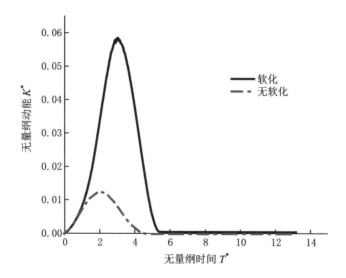

图 4-20　相同残余内摩擦角条件下土体软化和无软化的无量纲动能曲线

图 4-21 为残余内摩擦角相同条件下（$\varphi=12°$），在 t=2.0 s、t=4.0 s 和 t=6.0 s 时刻土体软化和无软化等效塑性应变分布云图。由图 4-21 可知，软化后的土体变形明显快于无软化的土体，且形成的塑性剪切带也明显大于后者。

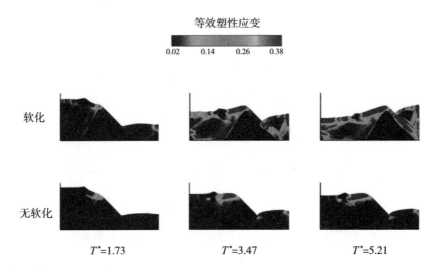

等效塑性应变

0.02   0.14   0.26   0.38

软化

无软化

T^*=1.73 T^*=3.47 T^*=5.21

图 4-21   相同残余内摩擦角条件下土体软化与无软化等效塑性应变分布云图

4.3.4   残余黏聚力的影响

本节研究不同残余黏聚力对土坡滑动稳定性的影响。具体来说，将土体的残余内摩擦角设置为 12°，网格尺寸设置为 0.25 m，残余黏聚力分别设置为 3 kPa、6 kPa 和 9 kPa。图 4-22 为不同的残余黏聚力所对应的滑坡无量纲前缘位置时程曲线。由图 4-22 可知，三个不同残余黏聚力的前缘位置均先上升到峰值，而后趋于平稳。残余黏聚力越小，对应的前缘位置峰值就越大，即土体滑移的距离就越远，残余黏聚力与土体滑移的距离成反比。图 4-23 为不同的残余黏聚力所对应的滑坡无量纲动能时程曲线。由图 4-23 可知，三个残余黏聚力的无量纲动能均先上升到峰值而后下降，并最终趋于平稳。以残余黏聚力 C=3 kPa 为例，动

能在 t=0 s 时刻启动，并迅速增加，t=3.3 s 时动能达到最大值，而后迅速下降并趋于稳定，最终趋近于 0，此时滑坡变形稳定。因此，可以初步断定滑坡的启程时刻与残余黏聚力无关，但是不同残余黏聚力滑坡对应的峰值能量不同，残余黏聚力值越小，动能峰值越大，变形能也越大，即残余黏聚力与动能成反比。

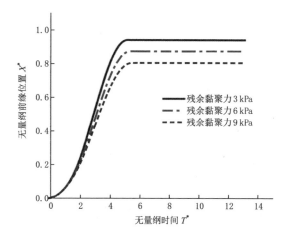

图 4-22　不同残余黏聚力下滑坡的无量纲前缘位置曲线

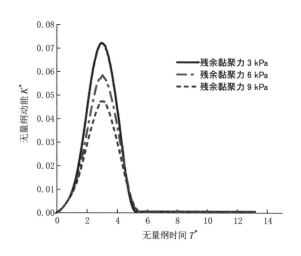

图 4-23　不同残余黏聚力下滑坡的无量纲动能曲线

图 4-24 为不同残余黏聚力下，t=2.0 s、t=4.0 s 和 t=6.0 s 时刻的滑坡的等效塑性应变分布云图。由图 4-24 可知，在 4.0 s 时，残余黏聚力为 3 kPa 计算得到的塑性应变大于残余黏聚力为 6 kPa 的计算值。变形稳定后，残余黏聚力为 6 kPa 计算得到的坡趾的最大横坐标小于残余黏聚力为 3 kPa 计算得到的坡趾的最大横坐标。通过模拟结果可看出残余黏聚力越小，滑坡滑移距离越远，土坡破坏速度越快，剪切带塑性应变越大。

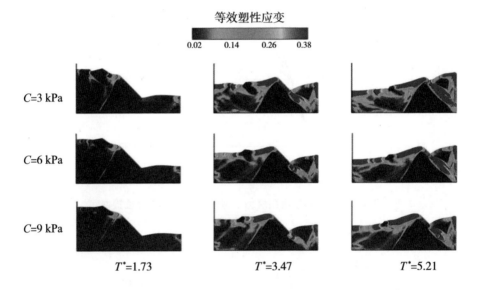

图 4-24　不同残余黏聚力下不同时刻滑坡的等效塑性应变分布云图

图 4-25 和图 4-26 分别为相同残余黏聚力 C=6 kPa 时，土体加入应变软化和无软化所对应的时间和前缘位置、动能的曲线图。由图 4-25 和图 4-26 可知，软化后的土体滑移距离远远大于无软化土体的滑移距离，且软化后的动能最大值远远大于无软化的动能最大值。并且，两者的前缘位置和动能曲线的单调性基本吻合，其中动能曲线均为先上升，达到峰值后下降，最后趋于稳定；前缘位置曲线均为先上升，到达峰值后趋于平稳。

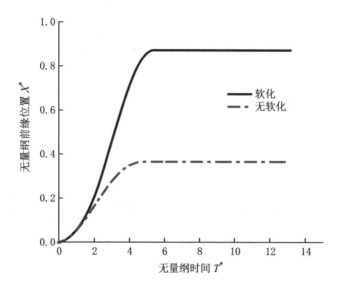

图 4-25　相同残余黏聚力下土体软化和无软化的无量纲前缘位置曲线

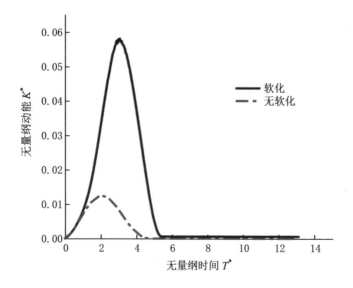

图 4-26　相同残余黏聚力下土体软化和无软化的无量纲动能曲线

　　图 4-27 为相同残余黏聚力 C=6 kPa 条件下，t=2.0 s、t=4.0 s 和 t=6.0 s 时刻土体软化和无软化等效塑性应变分布云图。由图 4-27 可知，

软化后的土体变形明显快于无软化的土体，且形成的塑性剪切带也明显大于后者。可以看出，背景网格尺寸对滑坡的失稳及破坏影响不大，而残余内摩擦角和残余黏聚力对其影响较大。

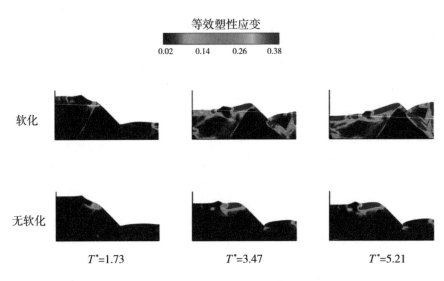

图 4-27　相同残余黏聚力下土体软化与无软化等效塑性应变分布云图

4.4　基于 Cross 模型的土体大变形问题的物质点法模拟

4.4.1　模型及参数

本节运用弹塑性本构模型结合三维物质点法进行土体颗粒物流动模拟。模型几何尺寸和初始状态如图 4-28 所示，其中图（a）为模型的初始状态，图（b）为模型运动后的崩塌状态，计算参数如表 4-2 所示。在物质点法模拟中分解重力加速度 g，以 g_x 和 g_y 以对斜坡进行模拟，模型的初始高度 $h_0 = 0.14\,\mathrm{m}$，坡底长度 $l_0 = 0.2\,\mathrm{m}$，初始宽度 $b_0 = 0.1\,\mathrm{m}$，倾斜角 $\theta = 10°$，重力加速度为 $g = -9.8\,\mathrm{m/s^2}$。同时，分别用无量纲时间

T^*、无量纲前缘位置 X^*、无量纲动能 K^* 跟踪土体颗粒物流动过程：

$$T^* = t\sqrt{g/h_0} \tag{4-110}$$

$$X^* = \left(l_s - l_0\right) / h_0 \tag{4-111}$$

$$K^* = K / E_0 \tag{4-112}$$

式中：t 为模拟时间；l_0 和 h_0 分别为土柱的初始长度和高度；g 为重力加速度；E_0 和 K 分别为初始势能和初始动能。

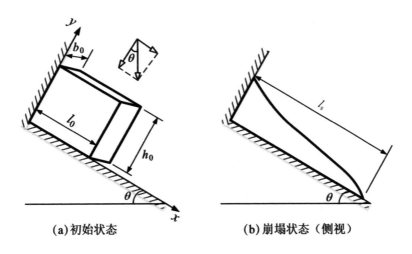

（a）初始状态　　　　**（b）崩塌状态（侧视）**

图 4-28　模型的初始状态和几何尺寸

表 4-2　计算参数

密度 ρ / (kg·m⁻³)	人工声速 c / (m·s⁻¹)	泊松比 ν	黏聚力 C /kPa	内摩擦角 φ / (°)	阻尼系数 ξ
2 500	100	0.62	0	28	0.001 ～ 0.002

4.4.2　基于 DP 弹塑性模型的模拟结果

本节基于德鲁克—布拉格本构模型结合三维物质点法，对模拟结果与试验结果进行比较。图 4-29 和图 4-30 给出了无量纲前缘位置演化的网格收敛性，其中背景网格尺寸 h 分别设置为 0.01 m、0.02 m 和 0.005 m，每个单元网格包含 8 个物质点，CFL 数为 0.5。由图 4-29 和图 4-30 可知，不同的背景网格得到的无量纲前缘位置 X^* 均与实验结果吻合较好；无量纲动能 K^* 的振幅随网格尺寸的变化而变化。

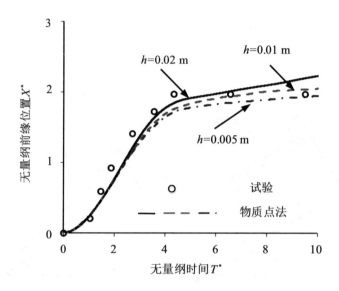

图 4-29　不同的背景网格尺寸下物质点法与试验的无量纲前缘位置对比

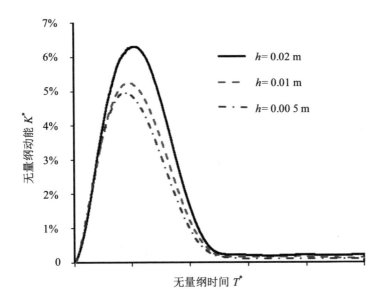

图 4-30 不同的背景网格尺寸下物质点与试验的无量纲动能对比

图 4-31 为三种背景网格尺寸下不同时刻的速度比较云图，标注粒子总数和总 CPU 时间，在 64 位、64 GB 内存的 Linux 工作站上使用双英特尔 5218 CPU 和 128 GB RAM 编译，CPU 时间由 Fortran 子例程序计算。由图 4-31 可知，基于德鲁克—布拉格本构模型结合物质点法模拟滑坡变形的无量纲前缘位置 X^*、无量纲动能 K^* 与试验结果吻合较好，说明该方法可以有效模拟土体颗粒物流动过程。

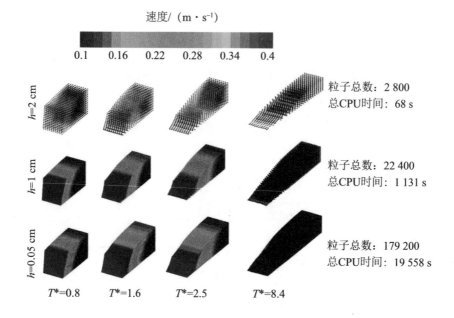

图 4-31　不同背景网格尺寸下不同时刻的速度比较云图

4.4.3　基于 Cross 模型的模拟结果

采用均质土体立柱算例，以背景网格尺寸为 0.01 m 为例，单元网格总数 8 000 个，物质点总数为 64 000，平均分布在每个单元网格内，每个单元网格包含 8 个物质点，重力加速度为 $g = -9.8\,\mathrm{m/s^2}$。在 64 位、64 GB 内存的 Linux 工作站上使用英特尔 Fortran90 编译器进行编译，所有模拟都使用单个 AMD Opteron 6272 CPU 核心执行。模型几何尺寸和边界条件如图 4-32 所示，土体立柱的物理力学计算参数如表 4-3 所示。

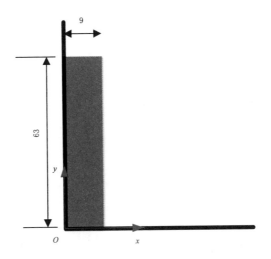

图 4-32　模型的边界条件和几何尺寸（单位：cm）

表 4-3　土体立柱的物理力学计算参数

密度 ρ / (kg·m⁻³)	弹性模量 E /MPa	泊松比 v	黏聚力 C /kPa	内摩擦角 φ / (°)	剪胀角 ψ / (°)
2 650	0.84	0.3	0	31	0

图 4-33 为背景网格尺寸为 0.02 m，选取黏度参数 μ=1.9 时，两模型的无量纲前缘位置 X^* 模拟结果对比，图 4-34 为两模型的无量纲动能 K^* 模拟结果对比。由图 4-33 和图 4-34 可知，两模型的无量纲前缘位置同时启动上升并且达到峰值，最后趋于平稳。而无量纲动能在 t=0 s 时刻同时启动，在 t=1 s 左右几乎同时达到峰值，而后下降趋于平稳再下降，最后趋近于 0。两模型的无量纲前缘位置 X^* 和无量纲动能 K^* 演化曲线单调性相近，各峰值达到的时间节点均基本吻合。

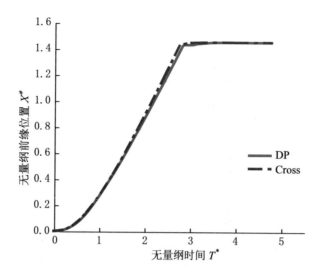

图 4-33　背景网格尺寸为 0.02 m 时两模型无量纲前缘位置对比

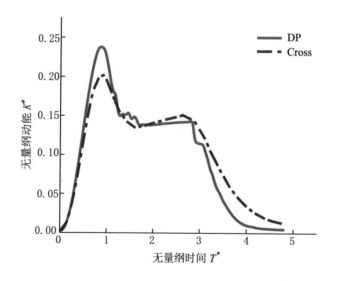

图 4-34　背景网格尺寸为 0.02 m 时两模型无量纲动能对比

图 4-35 为背景网格尺寸为 0.005 m，选取黏度参数 $\mu=0.8$ 时，两模型的无量纲前缘位置 X^* 模拟结果对比，图 4-36 为两模型的无量纲动能 K^* 模拟结果对比。由图 4-35 和图 4-36 可知，两模型的无量纲前缘位

置同时启动上升并且达到峰值，最后趋于平稳。而无量纲动能在 $t=0$ s 时刻同时启动，在 $t=1$ s 左右几乎同时达到峰值，而后下降趋于平稳再下降，最后趋近于 0。两模型的无量纲前缘位置 X^* 和无量纲动能 K^* 演化曲线单调性相近，各峰值达到的时间节点均基本吻合。

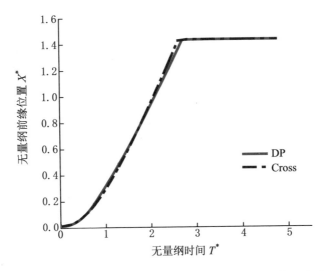

图 4-35　背景网格尺寸为 0.005 m 时两模型无量纲前缘位置对比

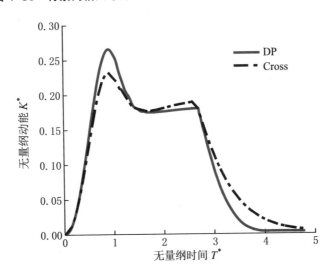

图 4-36　背景网格尺寸为 0.005 m 时两模型无量纲动能对比

　　图 4-37 为背景网格尺寸为 0.002 5 m，选取黏度参数 μ=0.6 时，两模型的无量纲前缘位置 X^* 模拟结果对比，图 4-38 为两模型的无量纲动能 K^* 模拟结果对比。由图 4-37 和图 4-38 可知，两模型的无量纲前缘位置同时启动上升并且达到峰值，最后趋于平稳。而无量纲动能在 t=0 s 时刻同时启动，在 1 s 左右几乎同时达到峰值，而后下降趋于平稳再下降，最后趋近于 0。两模型的无量纲前缘位置 X^* 和无量纲动能 K^* 演化曲线单调性相近，各峰值达到的时间节点均基本吻合。

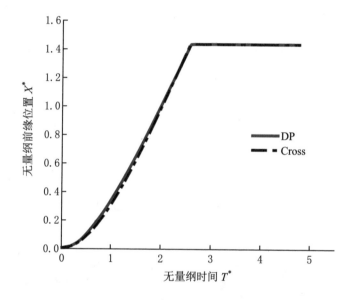

图 4-37　背景网格尺寸为 0.002 5 m 时两模型无量纲前缘位置对比

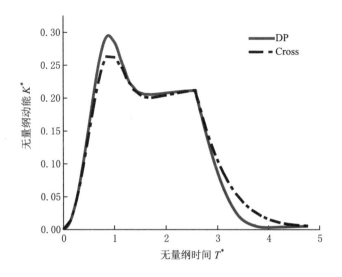

图 4-38　背景网格尺寸为 0.002 5 m 时两模型无量纲动能对比

图 4-39 为背景网格尺寸为 0.02 m 条件下，德鲁克－布拉格模型和非牛顿 Cross 模型在不同时刻的速度云图比较。由图 4-39 可知，相同时刻两模型的崩塌进程和计算数值大致相同。图 4-40 为背景网格尺寸为 0.005 m 条件下，德鲁克—布拉格模型和非牛顿 Cross 模型在不同时刻的速度云图比较。由图 4-40 可知，相同时刻两模型的崩塌进程和计算数值均大致相同。

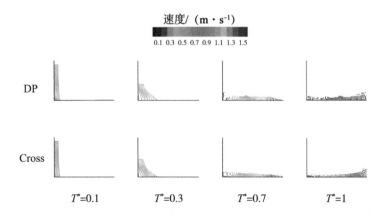

图 4-39　背景网格尺寸为 0.02 m 时，DP 模型和 Cross 模型的速度云图比较

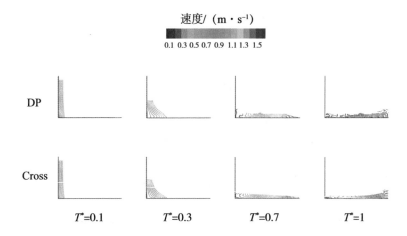

图 4-40　背景网格尺寸为 0.005 m 时，DP 模型和 Cross 模型的速度云图比较

图 4-41 为网格收敛性与黏度的线性拟合图。由图 4-41 可知，相关系数 R^2 的值大于 0.99 且接近 1，拟合函数与试验数据吻合度高，说明所用试验模型的可行性较好。综上所述，运用非牛顿 Cross 本构模型结合物质点法进行土体颗粒物流动模拟，并改变该本构中的黏度参数，最终在无量纲时间 T^* 时刻得到的无量纲前缘位置 X^* 和无量纲动能 K^* 与德鲁克—布拉格本构模型中的时程演化曲线的单调性与各峰值达到的时间节点基本吻合，验证了非牛顿 Cross 本构模型也可以较好地进行土体颗粒物流动模拟。

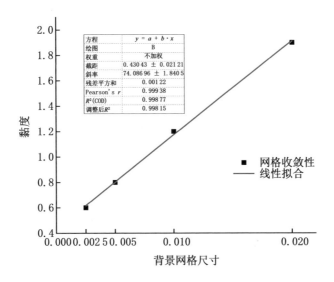

方程	$y = a + b \cdot x$
绘图	B
权重	不加权
截距	0.430 43 ± 0.021 21
斜率	74.086 96 ± 1.840 5
残差平方和	0.001 22
Pearson's r	0.999 38
R^2(COD)	0.998 77
调整后 R^2	0.998 15

■ 网格收敛性
—— 线性拟合

图 4-41　DP 模型和 Cross 模型的背景网格尺寸与黏度参数的线性拟合

4.5　本章小结

土体滑坡、泥石流等是自然界中常见的地质灾害，其运动过程往往涉及大变形和极端变形问题，物质点法在处理这类变形问题上有显著的优势。本章基于物质点法并结合各类本构模型，如德鲁克—布拉格本构模型、非牛顿 Cross 本构模型等，模拟分析土体大变形的演化机制，得到如下结论：

（1）基于应变软化作用下的德鲁克—布拉格模型结合物质点法，模拟滑坡剪切带演化及滑坡变形破坏的过程，将土体软化和无软化的模拟结果进行对比，并研究土体强度参数对滑坡变形的影响。结果表明，强度参数对滑坡变形有较大影响，残余强度参数影响着滑坡破坏后的滑距、动能；残余内摩擦角越小，滑坡的滑移距离和滑动动能越大；残余黏聚力越小，滑坡的滑移距离和滑动动能越大；较小的残余内摩擦角对应的剪切带位置较深，相反，较小的残余黏聚力对应的剪切带位置较浅。

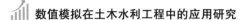

（2）基于非牛顿 Cross 物质点法，模拟土体颗粒物的非牛顿流体的流动特征。首先与德鲁克—布拉格模型的数值模拟结果进行对比，验证了非牛顿 Cross 模型模拟土体大变形的有效性和可行性；然后分析了土柱的变形破坏过程以及参数如何选取。结果表明，基于非牛顿 Cross 本构模型的物质点法也可以较好地模拟土体颗粒物加速、减速到再次稳定的流动全过程及其对障碍物的冲击效应。

第5章　基于随机物质点法和神经网络的土质滑坡风险定量评估

5.1　概述

边坡土体是由多种地质因素作用形成的，因为组成成分、形成原因和组合结构的不同，边坡土体内不同位置处的土体参数具有一定的不确定性，而这种不确定性具备随机性和结构性特征。以往的研究常采用单一随机变量模型模拟该特性，实际上空间变异性与土体参数自身的位置信息有关，故单一随机变量模型不能很好地模拟空间变异性。因此，准确模拟土体参数空间变异性对于滑坡过程风险定量评估具有重要意义。

5.2　随机场理论

5.2.1　随机过程与随机场

在数学上，随机事件 A 发生的可能性称为随机时间 A 的概率，记为 $P(A)$，$P(A)$ 通常为小于 1 的正数，也被称作该实验样本空间 Ω 的概率密度。如果 $\xi(\omega)$ 为样本空间 Ω 内每一个样本点 ω 的实函数，这个函

数 $\xi(\omega)$ 就被称为随机变量，可简单记为 ξ。根据取值情况，随机变量 $\xi(\omega)$ 可分为连续型和离散型两种。其中，连续型随机变量可在样本空间某一区间内取任一数值；而离散型随机变量仅可取有限个数值或无穷多个可列数值。对于连续型随机变量，随机变量 ξ 的导数就是其概率分布密度函数，可表示为

$$\Phi_\xi = \frac{\mathrm{d}}{\mathrm{d}x} F_\xi(x) \qquad (5-1)$$

式中：Φ_ξ 在随机变量定义域内恒为非负，且在整个定义域内的积分恒等于 1，即 $\Phi_\xi \geqslant 0$，且 $\int_{-\infty}^{+\infty} \Phi_\xi(x)\mathrm{d}x = 1$。

数学期望和方差是用来描述随机变量的两个常用数学特征，随机变量的数学期望一般用 $E[\xi]$ 或 μ 来表示。连续型随机变量 ξ 的分布密度函数 Φ_ξ 的一阶原点矩就是随机变量 ξ 的数学期望，表示为

$$E[\xi] = \int_{-\infty}^{+\infty} x\Phi_\xi(x)\mathrm{d}x \qquad (5-2)$$

连续型随机变量 ξ 分布密度函数 Φ_ξ 的二阶中心矩就是随机变量 ξ 的方差，记为 $D[\xi]$ 或 σ^2，表示为

$$D[\xi] = \int_{-\infty}^{+\infty} \left(x - E[\xi]\right)^2 \Phi_\xi(x)\mathrm{d}x \qquad (5-3)$$

随机变量 ξ 和 η 的协方差表示为

$$\mathrm{Cov}(\xi,\eta) = \left[\left(\xi - \mu_\xi\right)\left(\eta - \mu_\eta\right)\right] \qquad (5-4)$$

在概率空间 $\{\Omega, \Xi, \Psi\}$ 的一簇随机变量系 $\{X(e, t), t \in T\}$ 上，$e \in \Omega$，t 为参数，T 为参数集。通常情况下，随机过程在 t 时刻的状态

可简单记为 $\{X(t),\ t \in T\}$。为描述随机过程 $\{X(t),\ t \in T\}$ 的统计规律，需要先得到每个时刻 $t \in T$ 时的分布函数：

$$F(x,\ t) = P\{X(t) \leqslant x\}, t \in T \tag{5-5}$$

随机过程 $\{X(t),\ t \in T\}$ 的二维分布函数为

$$F(x_1,\ t_1;\ x_2,\ t_2) = P\{X(t_1) \leqslant x_1,\ X(t_2) \leqslant x_2\}, t_1,\ t_2 \in T \tag{5-6}$$

对于任意有限 $t_1,\ t_2, \cdots,\ t_n \in T$，可得随机过程 $\{X(t),\ t \in T\}$ 的 n 维分布：

$$
\begin{aligned}
&F(x_1,\ t_1;\ x_2,\ t_2; \cdots;\ x_n,\ t_n) \\
&= P\{X(t_1) \leqslant x_1,\ X(t_2) \leqslant x_2, \cdots,\ X(t_n) \leqslant x_n\},\ t_1,\ t_2, \cdots,\ t_n \in T
\end{aligned}
\tag{5-7}
$$

一个随机的有限维分布函数通常具有如下三个性质：

（1）非负性，即 $F(x_1,\ t_1;\ x_2,\ t_2; \cdots;\ x_n,\ t_n) \in [0, 1]$。

（2）对称性，对于 $(1, 2, \cdots,\ n)$ 的任意排列 $(x_{j1},\ t_{j1};\ x_{j2},\ t_{j2}; \cdots;\ x_{jn},\ t_{jn})$，有

$$F(x_{j1},\ t_{j1};\ x_{j2},\ t_{j2};\ \cdots;\ x_{jn},\ t_{jn}) = F(x_1,\ t_1;\ x_2,\ t_2;\ \cdots;\ x_n,\ t_n) \tag{5-8}$$

（3）相容性，对于 $m < n$，有

$$F(x_1, t_1; x_2, t_2; \cdots; x_m, t_m; \infty, t_{m+1}; \infty, t_n) = F(x_1, t_1; x_2, t_2; \cdots; x_m, t_m) \tag{5-9}$$

随机过程具有以下数字特征：

（1）均值函数（期望），即

$$\mu_X(t) = E[X(t)] \tag{5-10}$$

（2）自协方差函数，即

$$
\begin{aligned}
C_X(t_1, t_2) &= E\{[X(t_1) - \mu_X(t_1)][X(t_2) - \mu_X(t_2)]\} \\
&= E[X(t_1)X(t_2)] - \mu_X(t_1)\mu_X(t_2)
\end{aligned}
\tag{5-11}
$$

（3）方差函数，即

$$D\big[X(t)\big]=C_X(t,\ t) \tag{5-12}$$

（4）自相关函数，即

$$R_X\big(t_1,\ t_2\big)=E\big[X(t_1)X(t_2)\big],\ t_1,\ t_2\in T \tag{5-13}$$

其中

$$C_X\big(t_1,\ t_2\big)=R_X\big(t_1,\ t_2\big)-\mu_X(t_1)\mu_X(t_2) \tag{5-14}$$

（5）互协方差函数，即

$$\begin{aligned} C_{XY}\big(t_1,\ t_2\big)&=E\Big\{\big[X(t_1)-\mu_X(t_1)\big]\big[Y(t_2)-\mu_Y(t_2)\big]\Big\}\\ &=E\big[X(t_1)Y(t_2)\big]-\mu_X(t_1)\mu_Y(t_2) \end{aligned} \tag{5-15}$$

（6）互相关函数，即

$$R_{XY}\big(t_1,\ t_2\big)=E\big[X(t_1)Y(t_2)\big], t_1,\ t_2\in T \tag{5-16}$$

其中

$$C_{XY}\big(t_1,\ t_2\big)=R_{XY}\big(t_1,\ t_2\big)-\mu_X(t_1)\mu_Y(t_2) \tag{5-17}$$

将随机过程推广到空间场域中，即为随机场。随机场的基本参数为空间变量 $u=\{x,y,z\}$，即随机场为定义在一个空间域内的随机变量系，参数集内的每一个 u_i 都有一个随机变量 $B(u_i)$ 与之对应。理论上，随机场的参数集可同时包括时间变量和空间变量，然而，在工程实际中，一般仅考虑参数集为空间变量的随机场，记为 $\{B(u);u\in D\}$，其中 D 为 $B(u)$ 在三维欧式空间里的定义域。

5.2.2 随机场的数字特征

用一个随机场 $X(u)$ 模拟边坡土体参数，则 $X(u_i)$ 为其中的随机变量。经过局部平均后随机场在空间 T 上的平均值为

$$X_T(u) = \frac{1}{T}\int_0^T X_T(u)\,\mathrm{d}u \qquad (5-18)$$

平均期望为

$$E\left[X_T(u)\right] = E\left(\frac{1}{T}\int_0^T X_T(u)\,\mathrm{d}u\right) = \frac{1}{T}\int_0^T \mu_T(u)\,\mathrm{d}u = \mu \qquad (5-19)$$

平均方差为

$$\sigma_T^2 = \mathrm{Var}\left[X_T(u)\right] = \mathrm{Var}\,\frac{1}{T}\left[\int_0^T \mu_T(u)\,\mathrm{d}u\right] = \frac{1}{T^2}\int_0^T (T-t)\mathrm{Cov}(t)\,\mathrm{d}t \qquad (5-20)$$

方差折减函数为

$$\Gamma^2(V) = \frac{\sigma_V^2}{\sigma^2} \qquad (5-21)$$

5.2.3　随机场的平稳性

任意一组点在随机场空间内只进行平移运动不进行角度的转动，其分布函数保持不变，则该随机场被称为齐次随机场。随机场的平稳性是指该随机场的数字特征与空间坐标无关的性质。设随机场 $X(t)$ 是二阶矩随机场，若 $X(t)$ 满足以下条件。则称该随机场为宽平稳随机场：①对于任意 $t \in T$，$E\left[X(t)\right] = m$，m 为与 t 无关的常数；②对于所有的 t 和 $t + \Delta t \in T$，$X(t)$ 的相关函数 $\rho(t, t+\Delta t)$ 不随 t 的变化而变化。

由于符合正态分布的随机场的二阶矩一直存在，并且正态分布的相关函数可以完整描述其概率密度，因此符合正态分布的平稳随机场既是严平稳随机场，也是宽平稳随机场。其他平稳随机场则根据其二阶矩的存在与否来判断是否为宽平稳随机场。

5.2.4　随机场的各态历经性

随机场的各态历经性是指可以通过随机场中的任意一个样本函数来

获取该随机场全部的数字特征。设 $X(t)$ 为一平稳随机场，其参数平均值为

$$\langle X(t) \rangle = \lim_{T \to \infty} \frac{1}{T} \int_0^T X(t) \mathrm{d}t \qquad (5-22)$$

若

$$\langle X(t) \rangle = E\big[X(t)\big] = \mu_X \qquad (5-23)$$

成立概率为 1，则该随机场 $X(t)$ 的平均值具有各态历经性。

对于固定步长 τ，平稳随机场 $X(t)X(t+\tau)$ 的参数平均值为

$$\langle X(t)X(t+\tau) \rangle = \lim_{T \to \infty} \frac{1}{T} \int_0^T X(t)X(t+\tau) \mathrm{d}t \qquad (5-24)$$

若

$$\langle X(t)X(t+\tau) \rangle = E\big[X(t)X(t+\tau)\big] \qquad (5-25)$$

成立概率为 1，则该随机场 $X(t)X(t+\tau)$ 的自相关函数具有各态历经性，即自相关系数也具有各态历经性。若一个随机场的平均值和自相关系数均有各态历经性，则称该随机场具备各态历经性。

5.2.5 随机场的离散方法

将边坡土体参数进行随机场的离散是建立土体参数随机场模型的关键步骤，目前主要的离散方法有中心点法、局部平均法、插值法和 KL 级数展开法。

1. 中心点法

中心点法利用离散后的单元形心值表示所在单元的特征。该方法中，每个单元内部的随机场均为常数，并且等于单元形心的值。该方法思路简单，因此容易编写程序。但是中心点法计算精度低，现已经很少使用。

2.局部平均法

　　局部平均法的基本思路是先在随机场的各个单元内进行局部平均生成新的随机场，然后根据新的随机场表征离散对象。局部平均法相比其他方法运算条件低，根据旧随机场的平均值、方差和方差折减系数即可计算。该方法程序实现方便，计算精度高，耗时短，因此大量研究应用该方法进行随机场的离散。在对边坡进行分析时，往往选择截取边坡的典型剖面进行研究，将三维空间问题化为二维平面问题。鉴于此，本章运用二维随机场的局部平均法对边坡土体参数进行随机场的离散。

　　研究时用一个二维随机场 $X\left(u_i, u_j\right)$ 模拟边坡土体参数，则 $X\left(u_1, u_2\right)$ 为其中的随机变量。经过局部平均后，随机场在二维空间上的平均值为

$$X_A\left(u_1, u_2\right) = \frac{\left[\displaystyle\int_0^{T_1}\int_0^{T_2} X\left(t_1, t_2\right) \mathrm{d}t_1 \mathrm{d}t_2\right]}{A} \qquad (5\text{-}26)$$

式中：A 为局部平均后的矩形单元面积。

　　局部平均方差为

$$\sigma_A^2 = \sigma^2 \Gamma^2\left(T_1, T_2\right) \qquad (5\text{-}27)$$

　　方差折减函数为

$$\Gamma^2\left(T_1, T_2\right) = \frac{4}{T_1 T_2} \int_0^{T_1}\int_0^{T_2}\left(1 - \frac{|t_1|}{T_1}\right)\left(1 - \frac{|t_2|}{T_2}\right)\rho\left(t_1, t_2\right)\mathrm{d}t_1 \mathrm{d}t_2 \qquad (5\text{-}28)$$

式中：t_1、t_2 为二维平面内任意一点关于坐标原点在水平方向和竖直方向的参数分量；$\rho\left(t_1, t_2\right)$ 为二维平面内任意一点关于坐标原点参数的相关函数。

　　局部互协方差为

$$\mathrm{Cov}\left(X_{A_i},\ X_{A_i}\right) = \frac{1}{T_{1i}T_{2i}T_{1i}T_{2i}}\frac{\sigma^2}{4}\sum_{k=0}^{3}\sum_{l=0}^{3}(-1)^{k+l}\left(T_{1k}T_{2l}\right)^2 \Gamma^2\left(T_{1k}T_{2l}\right) \qquad (5\text{-}29)$$

式中：T_{1k}、$T_{2l}(k,\ l=0,1,2,3)$ 为局部平均单元 A_i 与 A_j 各边界之间的距离关系，具体含义如图 5-1 所示。

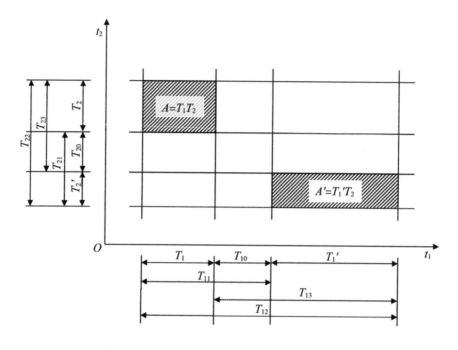

图 5-1 二维随机场示意图

求解相关函数是求解方差折减函数的必备条件。随机场的局部平均法具有对相关函数不敏感的特点。虽然相关函数的形式繁多，但是所对应的方差折减函数差异不大。因此，本章选取三角型函数作为相关函数。表 5-1 给出了四种常用的相关函数和相关距离以及对应的方差折减函数，该函数关系表有助于方差折减函数的计算。

表 5-1　四种常见相关函数及方差折减函数

函数类型	相关函数	相关距离	方差折减函数 $\Gamma^2(T)$
三角型函数	$\rho_\tau = \begin{cases} 1 - \dfrac{\tau}{a} & \lvert\tau\rvert \leqslant a \\ 0 & \lvert\tau\rvert > a \end{cases}$	a	$\begin{cases} 1 - \dfrac{T}{3a} & T \leqslant a \\ \dfrac{a}{T}\left(1 - \dfrac{a}{3T}\right) & T > a \end{cases}$
高斯函数	$\rho_\tau = \mathrm{e}^{-(\lvert\tau\rvert/c)}$	$\sqrt{\pi}c$	$\left(\dfrac{c}{T}\right)^2\left[\sqrt{\pi}\dfrac{T}{c}\varPhi\left(-\dfrac{T}{c}\right) + \mathrm{e}^{-(T/c)^2} - 1\right]$
指数型函数	$\rho_\tau = \mathrm{e}^{-\lvert\tau\rvert/b}$	$2b$	$2\left(\dfrac{b}{T}\right)^2\left(\dfrac{T}{b} - 1 + \mathrm{e}^{-T/b}\right)$
指数余弦型函数	$\rho_\tau = \mathrm{e}^{-\lvert\tau\rvert/d}\cos\left(\dfrac{\tau}{d}\right)$	d	$\left(\dfrac{d}{T}\right)^2\left[\dfrac{T}{d} - \mathrm{e}^{-\frac{T}{d}}\sin\left(\dfrac{T}{d}\right)\right]$

3. 插值法

插值法根据单元的节点值拟合出插值形函数，一般为多项式函数，表示随机场在单元内部的分布，因此可以以各单元节点的随机变量的数字特征表征随机场的数字特征。对于形函数 $N_i(X)$，其随机场 $b(X)$ 的离散表达式为

$$b(X) = \sum_{i=1}^{q} N_i(X) b_i \qquad (5-30)$$

式中：X 为空间位置；q 为单元节点数；b_i 为单元节点 i 处的值。单元内随机场的平均值和方差为

$$E\big[b(X)\big] = \sum_{i=1}^{q} N_i(X) E(b_i) \qquad (5-31)$$

$$\mathrm{Var}\big[b(X)\big] = \sum_{i,j=1}^{q} N_i(X) N_j(X) \mathrm{Cov}(b_i, b_j) \qquad (5-32)$$

为了顺利进行插值，使用插值法时需要已知原随机场的相关函数，并且对空间参数的连续性要求较高，这使得该方法应用受限。该方法可以很好地解决不均匀随机场和非线性问题，并且计算精度比其余方法高。

4. KL 级数展开法

KL 级数展开法通过对原随机场的相关函数进行级数展开，来离散原随机场。随机场 $S(X)$ 表达式为

$$S(X) = m_s + \sum_{i=1}^{n} b_i \sqrt{\lambda_n} \varphi_n(X) \qquad (5-33)$$

式中：$b_n = \dfrac{1}{\sqrt{\lambda_n}} \int_0^L S(X)\varphi_n(X)\mathrm{d}X$；$m_s$ 为随机场 $S(X)$ 的平均值；λ_n 为随机场 $S(X)$ 相关函数的特征值；$\varphi_n(X)$ 为随机场 $S(X)$ 相关函数的特征函数。为了顺利进行级数展开，使用 KL 级数展开时需要已知原随机场的特征函数和特征值，这使得该方法同插值法一样，在应用时具有局限性。

5.3 蒙特卡洛模拟

蒙特卡洛模拟技术又被称为概率模拟，是指使用随机数（或更常见的伪随机数）来解决很多计算问题的方法，是一类依赖重复随机抽样来获得数值结果的广义随机计算算法。它的基本思想是用一个范围的值（概率分布）来替代任何具有内在不确定性的因素，从而建立可能结果的模型。通过不断重复计算，每次计算先使用一组不同的随机输入变量的随机值，该随机值需满足该随机变量的概率密度函数，然后基于一系列的随机值，利用确定性分析得到同样规模的输出响应，最后分析输出响应的概率密度分布情况。蒙特卡洛模拟被看作一种获得结构系统响应统计特性的较为精确和通用的方法。虽然典型的蒙特卡洛模拟需要对模型

进行成百上千次的计算，但由于计算技术的发展，计算时间已不再是蒙特卡洛模拟工程应用的障碍。因此，尽管有各种各样的随机方法被提出，蒙特卡洛模拟仍然是求解边坡破坏问题最简单、最有效的方法之一。

通常，蒙特卡洛模拟可以粗略地分成两类。一种类型是所求解的问题本身具有内在的随机性，借助计算机的运算能力可以直接模拟这种随机的过程。例如，在核物理研究中分析中子在反应堆中的传输过程。中子与原子核作用受到量子力学规律的制约，人们只能知道它们相互作用发生的概率，却无法准确获得中子与原子核作用时的位置以及裂变产生的新中子的行进速率和方向。科学家依据其概率进行随机抽样得到裂变位置、速度和方向，模拟大量中子的行为后，经过统计就能获得中子传输的范围，这也是反应堆设计的依据。另一种类型是所求解问题可以转化为某种随机分布的特征数，如随机事件出现的概率，或者随机变量的期望值。通过随机抽样的方法，以随机事件出现的频率估计其概率，或者以抽样的数字特征估算随机变量的数字特征，并将其作为问题的解。这种方法多用于求解复杂的多维积分问题。

蒙特卡洛模拟操作简单、计算精度高，适用于解决复杂问题，具有较好的稳定性、精确性。在解决实际问题的时候，应用蒙特卡洛模拟主要有两部分工作：一是用蒙特卡洛方法模拟某一过程时，需要产生各种概率分布的随机变量；二是用统计方法把模型的数字特征估计出来，从而得到实际问题的数值解。

土壤性质具有较大的变异性和较强的非线性，土体参数的随机性主要来源于土体空间变异性和系统不确定性：土体性质受到其矿物成分、埋藏深度、应力历史、含水量和密度等因素的影响，不同类型土体性质差异很大，即使是同类型的均匀土层，各点处的性质也有差异，这种差异随空间而变化，故称之为空间变异性；系统的不确定性包括试验不确定性、模型不确定性和统计不确定性。

试验不确定性由试验偏差和随机测量误差造成，可以随着试验设备、取样保管及测试水平的提高而降低；模型不确定性由计算过程中对所采用的计算模型有目的地简化、理想化或机理尚未了解透彻造成，可以随着人类认识的深入、计算手段的提高而得以改善；统计误差是对数据的统计处理引起的，会随着统计样本的增加而降低。由此可见，系统不确定性引起的变异是可以随着研究手段的进步而逐渐降低的，而岩土的空间变异性是客观的，是岩土所固有的性质，必须对实际岩体或土体进行调查统计分析才能掌握。随机场理论可以有效地反映土壤性质的空间变化。在蒙特卡洛模拟中，为了模拟土壤性质的随机场，使用一组基于假设概率分布的随机变量来描述概率边坡破坏分析问题。

5.4　蒙特卡洛随机物质点法

本节采用蒙特卡洛模拟、随机场论和物质点法相结合的蒙特卡洛随机物质点法进行研究。因为随机场的网格不具有依赖性，故选择随机场背景网格与物质点法背景网格完全重合，以方便数据映射。首先选择合适的相关函数和相关距离，采用局部平均法离散边坡模型，生成土体参数随机场数据，然后将随机场模型基于位置信息，映射到物质点法网格内的物质点上，计算流程与蒙特卡洛物质点法流程基本相同。随机场模型背景网格与物质点映射过程如图 5-2 所示。

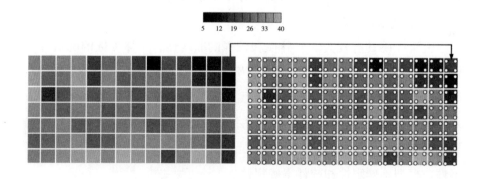

图 5-2　土体参数随机场模型与物质点法的映射方式

具体步骤如下：

（1）利用边坡的几何尺寸，建立随机场模型，划分与物质点法网格重合的背景网格。

（2）确定随机场模型的单元编号、节点编号、节点坐标。

（3）选择使用局部平均法离散随机场模型，生成自协方差矩阵。

（4）考虑材料参数的概率分布，生成原始随机变量，与自协方差矩阵做乘积运算。

（5）将上一步骤得到的新随机变量映射到对应随机场单元。

（6）将随机场单元的参数信息一一对应，映射到物质点法单元内的物质点上。

（7）融入蒙特卡洛算法，设置模拟次数为100次，进行物质点法计算。

（8）输出滑动动能和滑动质量比这两种定量评估指标。

运用 Fortran 语言编程实现上述计算步骤，可以将此方法总结成三个关键步骤，包括随机场离散边坡、蒙特卡洛物质点计算和数据后处理分析。这一整套分析程序可以避免重复操作，能够高效地进行滑坡全过程定量评估。算法流程如图 5-3 所示。

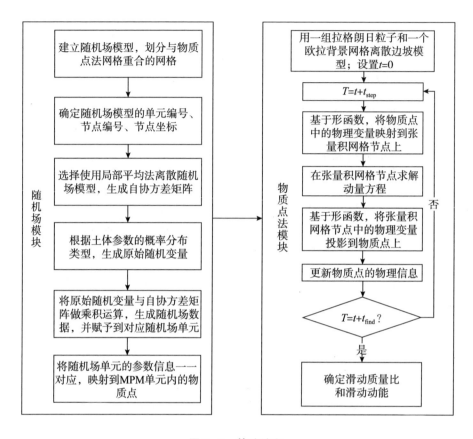

图 5-3　算法流程

5.5　基于随机物质点法的模拟结果与分析

5.5.1　模型与参数

基于考虑土体应变软化的德鲁克—布拉格本构模型，将蒙特卡洛模拟、随机场论和物质点法相结合，提出蒙特卡洛随机物质点法，对土质滑坡全过程进行风险定量评估，并分析随机场相关函数、相关距离、残余强度以及强度参数的影响。

土坡算例的几何尺寸和边界条件如图 5-4 所示，坡角为 45°，高度为 52 m, 从坡顶到左侧边界的长度为 148 m。其 z 轴方向采用对称边界条件, 底部采用固定边界条件, 两侧采用对称边界条件, 顶部采用自由边界条件。背景网格尺寸取 1 m, 每个单元网格内高斯点布置 4 个物质点, 共 10 400 个单元网格, 共包含 41 600 个物质点。在 64 位、64 GB 内存的 Linux 工作站上使用英特尔 Fortran90 编译器进行编译, 使用单个 AMDOpteron6272CPU 核心执行。边坡的物理力学计算参数如表 5-2 所示。

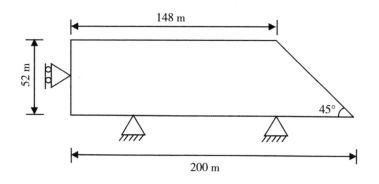

图 5-4　土坡算例的几何尺寸和边界条件

表 5-2　边坡的物理力学计算参数

密度 $\rho/(\text{kg} \cdot \text{m}^{-3})$	弹性模量 E/MPa	泊松比 v	内摩擦角 $\varphi/(°)$	黏聚力 C/kPa	残余内摩擦角 $\varphi_r/(°)$	残余黏聚力 C_r/kPa	剪胀角 $\psi/(°)$	抗拉强度 σ_t/kPa	软化因子 η
2 000	200	0.35	20	30	6	12	0	0	400

图 5-5 为算例不同时刻滑坡的等效塑性应变分布云图。由图 5-5 可知, 土质滑坡过程中坡脚土体首先开始发生局部破坏, 出现上隆现象; 同时边坡底部开始发育, 滑移带直达坡顶, 提高了降水渗透边坡内部的速率, 随后滑坡过程开始加速进行, 边坡出现向前推挤现象, 直至发生滑坡。

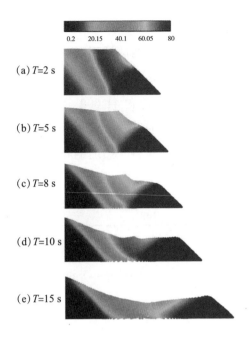

图 5-5　等效塑性应变云图

5.5.2　相关函数的影响

所选取的相关函数直接关系到自协方差矩阵的计算结果，从而影响随机场模型的模拟效果，间接影响物质点法的计算结果。因此，相关函数的选取对于蒙特卡洛随机物质点法的计算结果的影响至关重要。本小节采取四种常见的相关函数（三角型函数、高斯函数、指数型函数和指数余弦型函数），分别建立黏聚力和内摩擦角随机场模型，然后将随机场数据映射到物质点法对应网格单元，进而对土质滑坡运动全过程进行风险定量评估。同时，考虑变异系数为 0.1、0.2、0.4 的三种情况，与蒙特卡洛物质点法计算结果进行分析比较。

由图 5-6 及表 5-3、表 5-4 可知，在四类相关函数构建的黏聚力随机场模型中，相同变异系数下的滑动动能和质量比除了高斯函数计算结果差异性较大，其余三类相关函数计算结果相差不大；MC-RMPM 计算结果均高于 MC-MPM 计算结果；并且当变异系数为 0.4 时，各相关函数计算结果较为接近。在四类相关函数中，除高斯函数外，其余三种相关函数的定量评估指标计算结果差距不大。鉴于此，基于 MC-RMPM 建立黏聚力随机场模型时，选取变异系数为 0.4，选择相关函数的类型为指数函数。

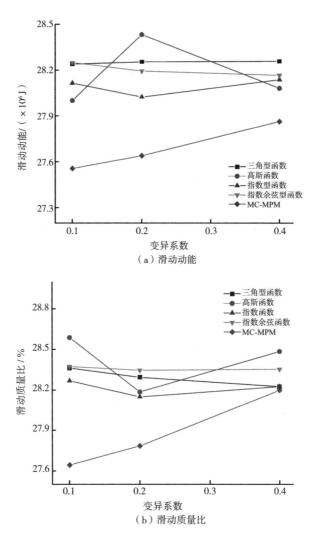

图 5-6　不同相关函数下的滑动动能和滑动质量比

表 5-3 不同相关函数下滑动动能

滑动动能/ （×10⁶J）	三角型函数		高斯函数		指数型函数		指数余弦型函数	
	μ	CV	μ	CV	μ	CV	μ	CV
CV=0.1	28.241	0.008 6	28.002	0.002 2	28.116	0.007 4	28.251	0.008 6
CV=0.2	28.255	0.012 4	28.433	0.004 9	28.025	0.013 3	28.195	0.017 3
CV=0.4	28.258	0.027 5	28.082	0.009 5	28.138	0.026 7	28.167	0.028 5

表 5-4 不同相关函数下滑动质量比

滑动质量比 /%	三角型函数		高斯函数		指数型函数		指数余弦型函数	
	μ	CV	μ	CV	μ	CV	μ	CV
CV=0.1	28.364	0.005 7	28.590	0.001 9	28.270	0.007 0	28.376	0.007 9
CV=0.2	28.295	0.013 5	28.187	0.003 2	28.151	0.015 1	28.348	0.013 7
CV=0.4	28.227	0.024 0	28.487	0.005 8	28.227	0.024 7	28.356	0.031 7

由图 5-7 及表 5-5、表 5-6 可知，在四类相关函数构建的内摩擦角随机场模型中，相同变异系数下的滑动动能和质量比除了高斯函数计算结果差异性较大，其余三类相关函数计算结果相差不大；并且当变异系数为 0.2 时，各相关函数计算结果较为接近。在四类相关函数中，指数函数的定量评估指标计算结果的相对偏差较小。鉴于此，基于 MC-RMPM 建立内摩擦角随机场模型时，选取变异系数为 0.2，选择相关函数的类型为指数函数。

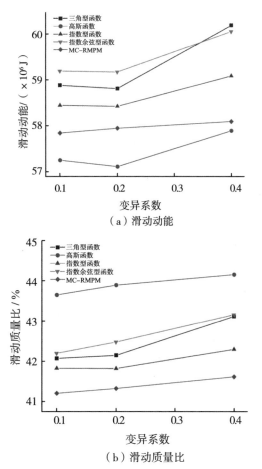

（a）滑动动能

（b）滑动质量比

图 5-7　不同相关函数下滑动动能和滑动质量比

表 5-5　不同相关函数下滑动动能

滑动动能/ ($\times 10^6$ J)	三角型函数		高斯函数		指数型函数		指数余弦型函数	
	μ	CV	μ	CV	μ	CV	μ	CV
CV=0.1	58.888	0.014 7	57.256	0.015 4	58.456	0.015 6	59.201	0.016 4
CV=0.2	58.818	0.035 0	57.117	0.028 3	58.434	0.031 7	59.181	0.035 4
CV=0.4	60.196	0.059 1	57.897	0.071 4	59.096	0.063 0	60.064	0.064 8

表 5-6　不同相关函数下滑动质量比

滑动质量比 /%	三角型函数		高斯函数		指数型函数		指数余弦型函数	
	μ	CV	μ	CV	μ	CV	μ	CV
CV=0.1	28.364	0.005 7	28.590	0.001 9	28.270	0.007 0	28.376	0.007 9
CV=0.2	28.295	0.013 5	28.187	0.003 2	28.151	0.015 1	28.348	0.013 7
CV=0.4	28.227	0.024 0	28.487	0.005 8	28.227	0.024 7	28.356	0.031 7

5.5.3　相关距离的影响

本小节考虑不同相关距离条件（1 m、2 m、4 m、8 m），运用局部平均法对土质边坡的土体参数进行离散，建立土体参数随机场模型，如图 5-8 所示。由图 5-8 可知，相关距离越小，随机性越弱；相关距离越大，随机性越强。

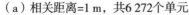
5　12　19　26　33　40

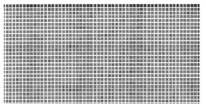

（a）相关距离=1 m，共6 272个单元　　　（b）相关距离=2 m，共1 568个单元

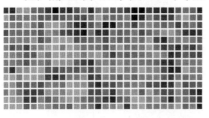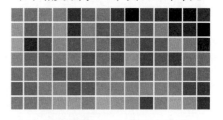

（c）相关距离=4 m，共392个单元　　　（d）相关距离=8 m，共98个单元

图 5-8　不同相关距离条件下黏聚力随机场离散模型

所选取的相关距离直接关系到局部平均法生成的自协方差矩阵的计算结果，从而影响随机场模型的模拟效果，间接影响物质点法的计算结果。因此，相关距离的选取对于蒙特卡洛随机物质点法计算结果影响至关重要。本节考虑变异系数为 0.1、0.2、0.4 三种情况，先选取相关距离1 m、2 m、4 m、8 m 分别建立黏聚力和内摩擦角随机场模型，然后将随机场数据映射到物质点法对应网格单元，进而对土质滑坡运动全过程进行滑坡风险定量评估。

由图 5-9 和表 5-7、表 5-8 可知，在相关距离为 1 m、2 m、4 m 和8 m 构建的黏聚力随机场模型中，滑动动能在相关距离为 1 ~ 4 m 内逐渐增大，之后逐渐减小，其中相关距离为 4 m 时对应的滑动动能最大；滑动质量比在相关距离为 1 ~ 2 m 内逐渐增大，之后逐渐减小，其中相关距离为 2 m 时对应的滑动质量比最大；并且 CV=0.4 时计算结果变化较大，而 CV=0.2 时计算结果相对稳定。鉴于此，出于土质滑坡风险最大化评估的考虑，基于 MC-RMPM 建立黏聚力随机场模型时，选取CV=0.2，选择相关距离为 2 m。

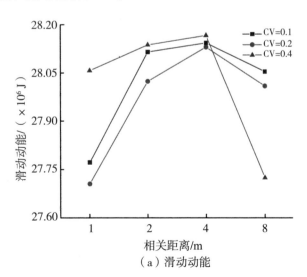

（a）滑动动能

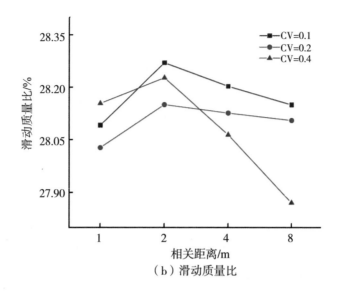

（b）滑动质量比

图 5-9　不同相关距离下滑动动能和质量比

表 5-7　不同相关距离下滑动动能

滑动动能/	相关距离为1 m		相关距离为2 m		相关距离为4 m		相关距离为8 m	
（×10⁶ J）	μ	CV	μ	CV	μ	CV	μ	CV
CV=0.1	27.772	0.010 1	28.116	0.007 4	28.144	0.012 5	28.055	0.017 2
CV=0.2	27.706	0.017 1	28.025	0.013 3	28.131	0.020 4	28.010	0.030 3
CV=0.4	28.058	0.040 5	28.138	0.026 7	28.167	0.034 0	27.725	0.123 4

表 5-8　不同相关距离下滑动质量比

滑动质量比/%	相关距离为1 m		相关距离为2 m		相关距离为4 m		相关距离为8 m	
	μ	CV	μ	CV	μ	CV	μ	CV
CV=0.1	28.092	0.009 4	28.270	0.007 0	28.203	0.011 3	28.150	0.015 3
CV=0.2	28.028	0.020 6	28.151	0.015 1	28.127	0.021 1	28.106	0.026 4
CV=0.4	28.154	0.034 9	28.227	0.024 7	28.064	0.039 4	27.870	0.114 5

由图 5-10 和表 5-9、表 5-10 可知，相关距离为 1 m、2 m、4 m 和 8 m 构建的内摩擦角随机场模型中，滑动动能和滑动质量比在相关距离为 1 ～ 2 m 内逐渐增大，之后逐渐下降，其中相关距离为 2 m 时对应的滑动动能和滑动质量比最大；并且 CV=0.4 时计算结果变化较大，而 CV=0.2 时计算结果相对稳定。鉴于此，出于土质滑坡风险最大化评估的考虑，基于 MC-RMPM 建立内摩擦角随机场模型时，选取 CV=0.2，选择相关距离为 2 m。

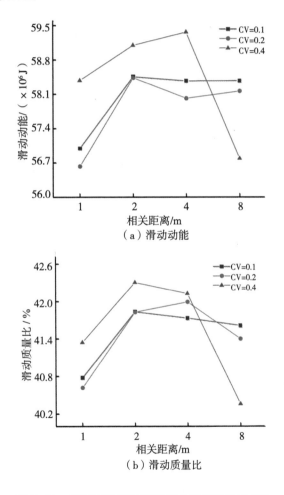

（a）滑动动能

（b）滑动质量比

图 5-10　不同相关距离下滑动动能和滑动质量比

表 5-9　不同相关距离下滑动动能

滑动动能/ (×10⁶ J)	相关距离为1 m		相关距离为2 m		相关距离为4 m		相关距离为8 m	
	μ	CV	μ	CV	μ	CV	μ	CV
CV=0.1	56.994	0.022 5	58.456	0.015 6	58.369	0.024 0	58.372	0.034 3
CV=0.2	56.623	0.045 5	58.434	0.031 7	58.012	0.054 3	58.160	0.121 8
CV=0.4	58.379	0.088 8	59.096	0.063 0	59.364	0.112 2	56.781	0.280 3

表 5-10　不同相关距离下滑动质量比

滑动质量比/%	相关距离为1 m		相关距离为2 m		相关距离为4 m		相关距离为8 m	
	μ	CV	μ	CV	μ	CV	μ	CV
CV=0.1	40.775	0.015 1	41.832	0.011 6	41.731	0.020 2	41.613	0.029 5
CV=0.2	40.614	0.035 4	41.826	0.025 6	41.989	0.039 1	41.400	0.115 4
CV=0.4	41.341	0.067 3	42.302	0.048 6	42.123	0.083 2	40.356	0.256 0

5.5.4　残余强度的影响

由图 5-11 和表 5-11、表 5-12 可知，在残余黏聚力为 6 kPa、9 kPa 和 12 kPa 构建的黏聚力随机场模型中，相同变异系数下的滑动动能和质量比随着残余黏聚力强度的增加而减小，符合滑坡力学机理；其中残余黏聚力强度为 12 kPa 时与 MC-MPM 计算结果较为接近，并且当 CV=0.4 时，二者计算结果较为接近。鉴于此，基于 MC-RMPM 建立残余黏聚力随机场模型时，选取 CV=0.4，选择残余黏聚力强度为 12 kPa。

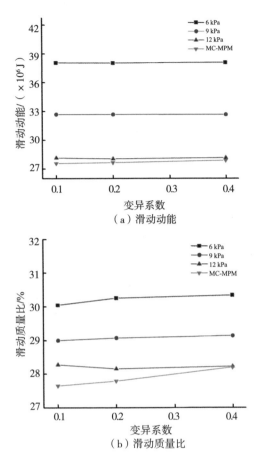

（a）滑动动能

（b）滑动质量比

图 5-11　不同残余黏聚力下滑动动能和滑动质量比

表 5-11　不同残余黏聚力下滑动动能

滑动动能/ （×10⁶ J）	残余黏聚力为6 kPa		残余黏聚力为9 kPa		残余黏聚力为12 kPa	
	μ	CV	μ	CV	μ	CV
CV=0.1	38.059	0.006 5	32.677	0.007 5	28.116	0.007 4
CV=0.2	38.029	0.012 5	32.668	0.013 1	28.025	0.013 3
CV=0.4	38.071	0.020 9	32.658	0.024 7	28.138	0.026 7

表5-12 不同残余黏聚力下滑动质量比

滑动质量比 /%	残余黏聚力为6 kPa		残余黏聚力为9 kPa		残余黏聚力为12 kPa	
	μ	CV	μ	CV	μ	CV
CV=0.1	30.045	0.013 6	28.998	0.008 5	28.270	0.007 0
CV=0.2	30.251	0.017 0	29.072	0.016 4	28.151	0.015 1
CV=0.4	30.340	0.034 6	29.138	0.026 9	28.227	0.024 7

由图5-12和表5-13、表5-14可知,在残余内摩擦角分别为6°、8°和10°构建的残余内摩擦角随机场模型中,相同变异系数下的滑动动能和质量比随着残余黏聚力强度的增加而减小,符合滑坡力学机理;其中残余内摩擦角为6° 时与MC-MPM计算结果较为接近,并且当CV=0.2时,二者计算结果较为接近。鉴于此,基于MC-RMPM建立残余内摩擦角随机场模型时,选取CV=0.2,选择残余内摩擦角为6°。

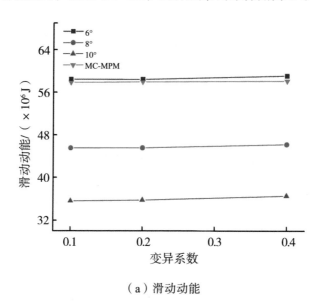

（a）滑动动能

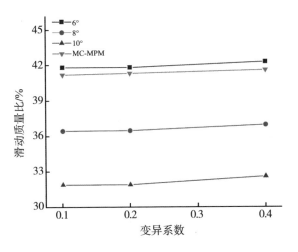

（b）滑动质量比

图 5-12　不同残余内摩擦角下滑动动能和质量比

表 5-13　不同残余内摩擦角下滑动动能

滑动动能/ (×10⁶ J)	残余内摩擦角为6°		残余内摩擦角为8°		残余内摩擦角为10°	
	μ	CV	μ	CV	μ	CV
CV=0.1	58.456	0.015 6	45.592	0.016 9	35.622	0.017 9
CV=0.2	58.434	0.031 7	45.614	0.032 2	35.782	0.029 2
CV=0.4	59.096	0.063 0	46.232	0.066 0	36.546	0.063 7

表 5-14　不同残余内摩擦角下滑动质量比

滑动质量比 /%	残余内摩擦角为6°		残余内摩擦角为8°		残余内摩擦角为10°	
	μ	CV	μ	CV	μ	CV
CV=0.1	41.832	0.011 6	36.447	0.012 5	31.904	0.012 9
CV=0.2	41.826	0.025 6	36.479	0.028 4	31.918	0.027 5
CV=0.4	42.302	0.048 6	36.972	0.054 4	32.619	0.051 8

5.5.5　抗剪强度的影响

选取指数函数相关距离为 2 m，残余黏聚力强度为 12 kPa，残余内摩擦角为 6°，分别构建黏聚力随机场模型和内摩擦角随机场模型。通过比较滑动动能和滑动质量比这两个定量评估指标在基于黏聚力随机场和基于内摩擦角随机场的 MC-RMPM 计算结果与 MC-MPM 计算结果，运用数据分析软件 SPSS 开展相关性分析，判断哪种方法与滑坡全过程风险定量评估指标的相关性更显著，结果如图 5-13 所示。

由图 5-13 可知，无论是滑动动能还是滑动质量比，基于内摩擦角随机场的 MC-RMPM 计算结果均远大于基于黏聚力随机场的计算结果，由此可见，内摩擦角的空间变异性对土质滑坡全过程风险定量评估的影响较黏聚力的空间变异性影响更大，忽略内摩擦角空间变异性，计算的定量评估指标结果不精确。

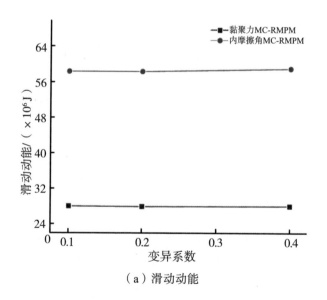

（a）滑动动能

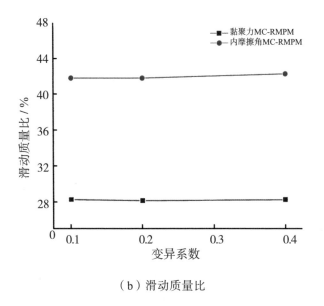

（b）滑动质量比

图 5-13　不同强度参数随机场模型下滑动动能和滑动质量比

表 5-15 和表 5-16 为基于数据分析软件 SPSS，研究不同强度参数对土质滑坡风险定量评估的双变量相关性分析。由表 5-15 和表 5-16 可知，黏聚力和内摩擦角与土质滑坡定量评估指标有较强的相关性，其中滑坡定量评估指标与内摩擦角的相关性大于其与黏聚力的相关性。

表 5-15　黏聚力和内摩擦角与滑动动能的相关性分析

不同强度参数		相关性		不同强度参数		相关性	
		黏聚力	滑动动能			内摩擦角	滑动动能
黏聚力	皮尔逊相关性	1	0.876	内摩擦角	皮尔逊相关性	1	0.913
	显著性（双尾）	—	0.000		显著性（双尾）	—	0.000
	个案数	100	100		个案数	100	100

不同强度参数		相关性		不同强度参数		相关性	
		黏聚力	滑动动能			内摩擦角	滑动动能
滑动动能	皮尔逊相关性	0.876	1	滑动动能	皮尔逊相关性	0.913	1
	显著性（双尾）	0.000	—		显著性（双尾）	0	—
	个案数	100	100		个案数	100	100

表 5-16　黏聚力和内摩擦角与滑动质量比的相关性分析

不同强度参数		相关性		不同强度参数		相关性	
		黏聚力	滑动动能			内摩擦角	滑动动能
黏聚力	皮尔逊相关性	1	0.854	内摩擦角	皮尔逊相关性	1	0.925
	显著性（双尾）	—	0.000		显著性（双尾）	—	0.000
	个案数	100	100		个案数	100	100
滑动质量比	皮尔逊相关性	0.854	1	滑动质量比	皮尔逊相关性	0.925	1
	显著性（双尾）	0.000	—		显著性（双尾）	0.000	—
	个案数	100	100		个案数	100	100

5.6　基于遗传 BP 神经网络的模拟结果与分析

5.6.1　BP 神经网络原理

蒙特卡洛模拟方法在边坡稳定性分析中的精确度已经得到业界的广泛认同，但是由于计算量大、耗时长，该方法不利于工程的实际应用。随着人工神经网络理论的推广，一些研究人员尝试引入神经网络来提高边坡稳定性分析效率。在众多神经网络中，BP 神经网络具有较强的非线性映射能力，学习效率高，但网络中参数的设置会陷入局部最优和过拟合现象，导致计算结果不准确，从而影响滑坡定量评估准确性。有学者提出运用遗传算法（genetic algorithm, GA）优化 BP 神经网络的遗传 BP神经网络算法可以克服这一缺陷，提高算法稳定性和效率。鉴于此，本章将遗传 BP 神经网络算法与 MC–RMPM 相结合，用于土质滑坡风险定量评估。该算法基于 BP 神经网络估计土体参数和风险定量评估指标之间的非线性关系，计算风险定量评估指标，并采用遗传算法优化网络的隐含层神经元数和训练次数等参数，优化网络结构适配土体参数特征，进而提高滑坡风险定量评估的效率。

BP 神经网络又被称为误差逆向传播网络，是一种多层前馈型神经网络，由输入层、隐含层和输出层构成，其中隐含层可叠加。同层神经元之间相互独立，不同层神经元之间相互联系。图 5–14 为三层 BP 神经网络的拓扑结构。

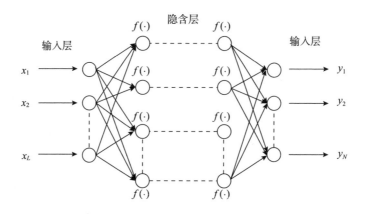

图 5-14　BP 神经网络拓扑结构图

其中：$\boldsymbol{P} = P(x_1, \ x_2, \ \cdots, \ x_L)^{\mathrm{T}} \in R^L$ 为输入层的神经元各节点输入向量，θ_1，θ_2，$\cdots$，θ_J 为隐含层的神经元节点，$\varphi(\cdot)$ 为隐含层神经元的激活函数，$\boldsymbol{T} = T(y_1, \ y_2, \ \cdots, \ y_N)^{\mathrm{T}} \in R^N$ 为输出层的神经元各节点输出向量，$f(\cdot)$ 为输出层神经元的激活函数，θ_L 为中间层的阈值，θ_N 为输出层的阈值。连接输入层和隐含层的权值为 w_{lj}，连接隐含层和输出层的权值为 w_{jn}。

BP 神经网络的基本训练步骤如下：

（1）初始化：给各连接权 w_{lj}、w_{jn} 及阈值 θ_L、θ_N 赋予属于 $(-1, \ 1)$ 的随机值。

（2）输入训练样本：A_K 和 Y_K。

（3）计算中间层神经元输出 $\left\{s_j^k\right\}$，输出层神经元输出 $\left\{b_j^k\right\}$，输出层的输入向量 $\left\{L_j^k\right\}$ 和输出层的输出向量 $\left\{c_j^k\right\}$。

$$s_j^k = \sum_{i=1}^{n} W_{ij} \mathrm{a}_i^k + \theta_j \qquad (5-34)$$

$$b_j^k = f\left(s_j^k\right) \tag{5-35}$$

$$\boldsymbol{L}_t^k = \sum_{j=1}^{p} V_{jt} b_j^k + \gamma_t \tag{5-36}$$

$$c_t^k = f\left(L_t^k\right) \tag{5-37}$$

$$f\left(x\right) = \frac{1}{1+\mathrm{e}^{-x}} \tag{5-38}$$

（4）用希望输出模式 $Y = Y(y_1,\ y_2,\ \cdots,\ y_q)^\mathrm{T} \in R^q$ 计算输出层各单元的校正误差 $\left\{d_t^k\right\}$。

$$d_t^k = \left(Y_t^k - C_t^k\right) f'\left(L_t\right) = \left(Y_t^k - C_t^k\right) \cdot C_t^k \cdot \left(1 - C_t^k\right) \qquad t = 1,\ 2,\ \cdots,\ q \tag{5-39}$$

（5）计算中间层各单元的校正误差。

$$e_j^k = \left[\sum_{t=1}^{q} d_t^k V_{jt}\right] \cdot f'\left(s_j\right) = \sum_{t=1}^{q} d_t^k V_{jt} b_j^k \left(1 - b_j^k\right) \qquad j = 1,\ 2,\ \cdots,\ p \tag{5-40}$$

（6）采用最速梯度下降法更新中间层的输出修正连接权 V_{jt} 和阈值 γ_t。

$$V_{jt}\left(N+1\right) = V_{jt}\left(N\right) + \alpha \sum_{k=1}^{m} d_t^k \cdot b_j^k \qquad j = 1,\ 2,\ \cdots,\ p \tag{5-41}$$

$$\gamma_t\left(N+1\right) = \gamma_t\left(N\right) + \alpha \sum_{k=1}^{m} d_t^k \qquad t = 1,\ 2,\ \cdots,\ q \tag{5-42}$$

（7）计算网络的全局误差函数 E。

$$E = \sum_{k=1}^{m} \sum_{k=1}^{m} (Y_t^k - C_t^k)^2 / 2 \qquad t = 1,\ 2,\ \cdots,\ q \tag{5-43}$$

（8）当 E 小于预先设定的一个极小值，或学习结果大于预设值时，停止计算；否则返回步骤（2）。

BP 神经网络算法流程图如图 5-15 所示。

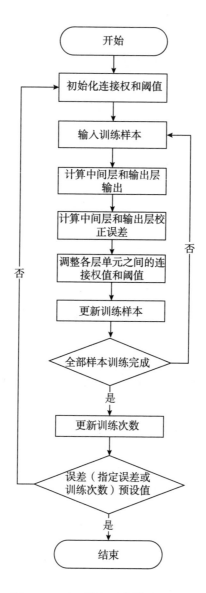

图 5-15 BP 神经网络算法流程图

5.6.2 遗传算法原理

遗传算法（genetic algorithm, GA）是一种新型优化算法，灵感来自达尔文生物进化论。该算法仿照基因遗传学原理，并在该原理的模拟下对结果进行预测分析。在遗传算法中，目标优化问题的解称作个体，表示的是一个变量序列；用字符串或数字串进行编程的过程称作编码。遗传是一个迭代过程，通常从随机生成群体开始，每次迭代中的群体称为一代。每代按照所选择的适应度函数计算得到适应度值，并以此为依据进行评估，通过在选择、交叉和变异过程中筛选优良个体来实现所谓的自然选择。该算法会不断迭代，直至种群适应度水平达到要求。经过无数学者多年的研究和发展，遗传算法已成为一种成熟的随机性搜索极值的优化算法。

遗传算法的主要步骤为：

（1）选择合适且准确的编码方式；

（2）产生并确定初始种群；

（3）计算并记录适应度值；

（4）假设没能满足终止条件，则返回步骤（3）重新更新适应度值，反之结束算法。

选择、交叉和变异是遗传算法的3个主要操作算子，它们构成了所谓的遗传操作。

1.选择操作

开展该项操作时，需要应用到适应度比例算法，即所谓的轮盘赌法。首先选择母体其中一个染色体 X 作为研究对象，且定义该染色体在当前群体中的适应度为 f_x，计算种群中所有个体适应度值之和。经过转多次轮盘，若它产生新个体的能力所占比重最大，则选择为最优染色体，计算公式为

$$F_X = \frac{k}{f_X} \qquad (5-44)$$

$$p_X = \frac{F_X}{\sum\limits_i^k f_X} \qquad (5-45)$$

式中：k 为群体中染色体的个数。

2. 交叉操作

首先从母体种群中随机选择两个染色体，然后开展交换操作，即在选择的染色体之间进行遗传信息的相互交换，以此得到更优的新个体。本节设置两个交叉点，先挑选两个染色体作为操作的父代，然后在上述基础上开展交换工作，计算公式为：

$$\begin{cases} x_i' = x_i(1-h) + y_i h \\ y_i' = y_i(1-h) + x_i h \end{cases} \qquad (5-46)$$

式中：h 在 $[0,1]$ 内随机选取。

3. 变异操作

随机选择改变母体种群中的个体的基因值，从而产生新个体。变异操作可以使遗传算法具有局部的随机搜索能力，同时维持群体多样性，以避免群体未成熟收敛现象，计算公式为：

$$\alpha_{ij} = \begin{cases} \alpha_{ij} + (\alpha_{ij} - \alpha_{max}) \times f(g) & r > 0.5 \\ \alpha_{ij} + (\alpha_{min} - \alpha_{ij}) \times f(g) & r \leqslant 0.5 \end{cases} \qquad (5-47)$$

式中：r 在 $[0,1]$ 内随机选取；α_{max} 为基因值最大值；α_{min} 为基因值最小值；$f(g) = r_2(1 - g/G_{max})^2$。

5.6.3 基于遗传算法优化的 BP 神经网络模型

本节将遗传算法与 BP 神经网络结合，建立 GA–BP 网络模型，并将其应用于土质滑坡风险定量评估。其中，GA–BP 网络模型可以看作土体抗剪强度参数与土质滑坡风险定量评估指标的非线性映射函数。首先用遗传算法优化初始权值、阈值分布和搜索空间，然后利用优化后的权值和阈值改进 BP 神经网络，以此实现遗传算法和 BP 神经网络的结合。由此可以看出，遗传算法和 BP 神经网络算法既互相独立又互相联系，体现在以下两方面：遗传算法和 BP 神经网络在各自运算的过程中，另外一种算法不参与其中；通过优化初始权值与阈值建立联系，执行算法。计算流程主要由以下几部分组成：BP 神经网络结构确定、遗传算法优化、BP 神经网络算法计算。GA 优化 BP 神经网络的计算流程图如图 5-16 所示。

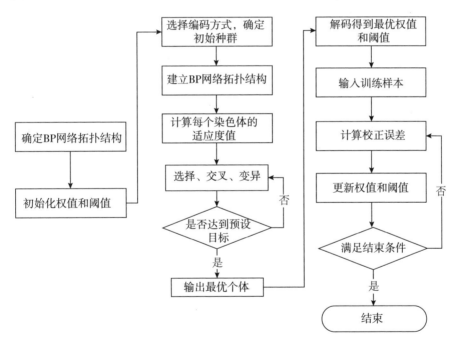

图 5-16　GA 优化 BP 神经网络的计算流程图

5.6.4　神经网络精准性评价指标

为了准确评价神经网络模型的预测性能，本节选取了四个指标，分别为平均绝对误差（mean absolute error, MAE）、均方误差（mean squared error, MSE）、均方根误差（root mean square error, RMSE）以及平均绝对百分比误差（mean absolute percentage error, MAPE）。其中，MAE、MSE可以评价数据整体的变化浮动程度，且MAE、MSE、$RMSE$、$MAPE$的值越低，泛化能力越强、精确度越高。

平均绝对误差的公式为

$$MAE = \frac{1}{n} \sum_{i=1}^{n} \left| \hat{y_i} - y_i \right| \tag{5-48}$$

式中：y_i为实际值；$\hat{y_i}$为对应的观测值；n为样本个数。

均方误差的公式为

$$MSE = \frac{1}{n} \sum_{i=1}^{n} (\hat{y_i} - y_i)^2 \tag{5-49}$$

均方根误差的公式为

$$RMSE = \sqrt{\frac{1}{n} \sum_{i=1}^{n} (\hat{y_i} - y_i)^2} \tag{5-50}$$

平均绝对百分误差的公式为

$$MAPE = \frac{100\%}{n} \sum_{i=1}^{n} \left| \frac{\hat{y_i} - y_i}{y_i} \right| \tag{5-51}$$

5.6.5 训练过程与误差分析

采用 Fortran 编程，运用随机场论，生成土体黏聚力和内摩擦角符合正态分布的 200 组随机样本，各参数的随机样本如表 5-17 和表 5-18 所示。以土体参数随机场模型数据与 MC-RMPM 计算的结果作为训练集和测试集，对 GA-BP 神经网络进行训练与测试，其中按 3∶2 的比例将前 1～160 组及定量评估指标作为训练样本，161～200 组作为检验样本，采用该试验样本验证 GA-BP 神经网络土质滑坡风险定量评估模型的精确性，设置最大进化代数为30次，交叉概率为0.8，变异概率为0.2。GA−BP 神经网络训练过程图如图 5−17 所示。

表 5−17 黏聚力随机样本

31.62	37.04	27.04	33.16	34.87	29.62	26.16	27.76	31.06	26.30	24.03	31.67
32.97	30.76	28.92	28.44	33.27	17.87	40.85	34.89	28.15	31.65	27.60	28.55
21.10	26.06	30.28	33.60	23.69	24.11	23.52	34.79	29.21	33.61	33.14	30.14
23.88	21.11	29.62	33.56	32.38	33.68	31.20	30.72	33.57	30.55	29.62	33.06
27.32	30.93	33.67	16.88	25.49	29.67	20.87	33.43	36.28	40.38	30.81	29.91
30.66	34.91	30.66	22.04	39.10	23.29	25.66	32.48	28.81	26.35	29.11	29.24
36.77	28.24	40.88	21.35	29.80	26.24	26.44	24.08	31.97	25.58	29.17	29.03
28.26	26.76	31.87	32.41	39.82	31.50	32.41	34.56	28.57	19.50	28.05	29.58
37.57	28.15	40.83	38.82	27.45	24.04	35.65	26.06	31.38	35.46	31.70	30.43
32.85	23.42	25.66	28.04	33.54	35.85	31.80	26.38	32.64	35.20	30.85	28.53
29.23	32.13	24.03	31.67	28.98	29.11	33.82	31.01	29.77	31.61	30.34	26.93
28.98	29.11	33.82	31.01	29.77	31.61	30.34	26.93	33.37	28.98	29.11	29.79
29.58	27.89	29.21	28.72	32.74	29.01	26.79	28.25	31.60	29.58	27.89	30.29
28.94	32.75	30.27	29.42	29.12	30.71	33.28	26.12	28.27	28.94	32.75	29.78
26.54	30.34	29.41	29.12	32.45	34.24	25.58	29.28	29.76	26.54	30.34	27.24
29.52	32.33	34.02	33.23	30.85	26.26	29.44	30.26	28.21	29.52	32.33	30.25
32.00	27.23	26.41	30.21	29.54	31.64	29.09	26.66				

表 5-18　内摩擦角随机样本

24.56	20.63	17.22	19.10	17.31	26.95	19.95	19.72	17.40	23.39	19.09	21.20
24.19	20.84	15.46	21.17	22.52	9.96	25.35	22.31	22.83	24.30	20.04	19.18
23.58	23.86	18.77	18.38	11.08	23.61	24.65	24.83	17.30	22.67	19.26	19.03
18.00	16.35	19.53	24.82	21.89	20.41	18.68	21.68	23.11	15.89	18.35	19.34
20.52	16.97	23.14	17.53	15.52	15.28	24.33	21.54	15.20	19.07	21.37	18.78
26.65	22.22	21.15	22.15	18.68	19.71	19.64	20.60	25.71	18.12	19.21	19.55
24.01	17.36	15.15	19.14	24.54	15.27	28.77	22.74	29.30	21.84	19.08	20.50
19.18	22.24	24.91	17.35	20.73	16.87	19.59	16.20	17.38	16.84	20.66	18.80
17.10	23.51	19.14	17.51	18.26	10.15	21.97	21.10	21.59	21.02	20.53	20.53
21.75	18.73	17.54	18.16	15.40	14.58	21.66	19.14	18.36	20.90	19.12	19.75
19.22	17.50	21.39	19.37	19.90	19.17	20.16	20.78	20.29	19.05	20.48	18.73
20.21	21.43	21.04	19.79	19.19	19.99	20.43	20.16	21.51	19.42	21.42	20.87
18.95	19.44	19.37	22.28	20.27	19.56	20.26	20.72	19.54	19.36	17.89	19.24
19.67	20.54	18.86	19.52	21.06	19.75	21.81	20.96	20.02	19.78	19.63	20.81
18.18	19.77	19.14	19.60	18.33	19.39	20.05	19.98	18.75	20.78	20.64	20.43
19.79	19.35	20.64	19.09	19.43	21.20	20.30	20.53	18.83	19.93	19.83	19.81
19.74	20.71	19.45	20.59	21.69	19.25	21.48	20.75				

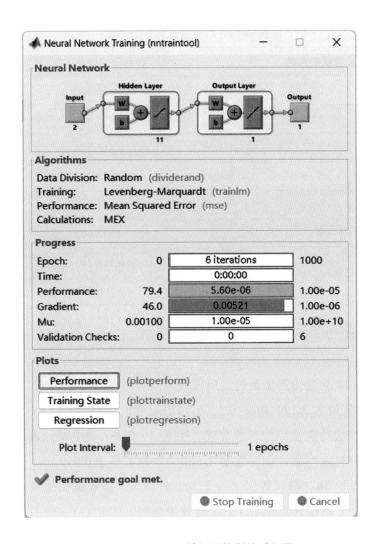

图 5-17　GA-BP 神经网络训练过程图

BP 神经网络的隐含层节点数对 BP 神经网络预测精度有较大的影响：节点数太少，网络不能很好地学习，需要增加训练次数，训练精度也受影响；节点数太多，训练时间增加，网络容易过拟合。GA-BP 神经网络隐含层最优节点数的确定过程如表 5-19 所示。由表 5-19 可知，11 节点数为最优的隐含层节点数。

表 5-19　隐含层节点寻优过程

隐含层节点数	训练集的均方误差
2	0.130 410
3	0.115 600
4	0.115 250
5	0.118 110
6	0.110 510
7	0.132 800
8	0.118 240
9	0.106 060
10	0.113 650
11	0.095 822

图 5-18 为遗传算法最佳适应度效果图。由图 5-18 可知，遗传算法最佳适应度值为 $2.120\ 49 \times 10^{-6}$，平均适应度值为 $6.247\ 47 \times 10^{-6}$，说明 GA-BP 算法适应度函数选取合理。图 5-19 为 GA-BP 神经网络拟合效果。由图 5-19 可知，训练数据 R（相关系数）等于 0.999 99，验证数据 R 等于 0.999 98，测试数据 R 等于 0.999 98，全部数据相关系数 R 等于 0.999 99，R 越接近 1 表明算法拟合效果越好，因此 GA-BP 算法拟合效果较好。图 5-20 和图 5-21 为 BP 和 GA-BP 训练性能图和 GA-BP 训练状态图。由图 5-20 和图 5-21 可知，采用 GA 优化 BP 神经网络前需要迭代训练 10 代计算才收敛，而采用 GA 优化后只需要迭代训练 6 代，就能找到一条最优路径最优解，由此证明 GA 提高了 BP 神经网络的计算收敛效率，在优化 BP 神经网络的权值与阈值方面具有优越性。

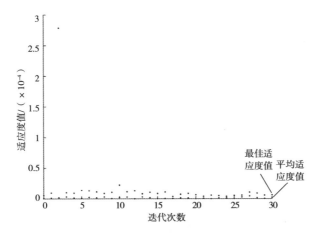

图 5-18　GA-BP 最优适应度效果图

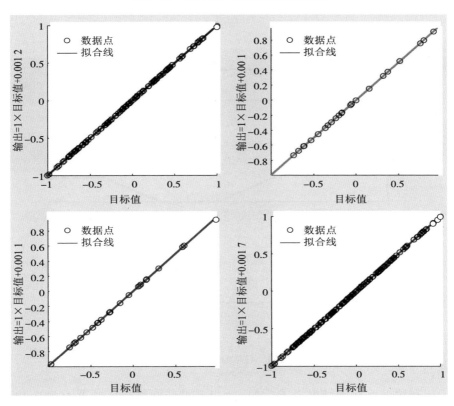

图 5-19　GA-BP 神经网络拟合效果图

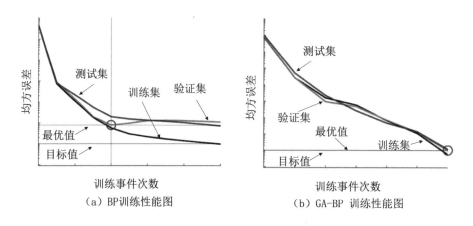

图 5-20　BP 和 GA-BP 训练性能图

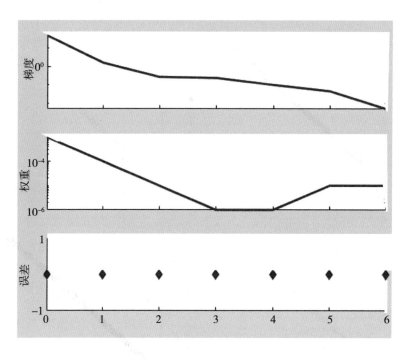

图 5-21　GA-BP 训练状态图

利用训练达到精度要求后的 GA-BP 神经网络模型对第 161 ~ 200 组（作为测试集）进行滑坡风险定量评估指标的预测，最终得到每一组关于定量评估指标的预测值。BP 和 GA-BP 神经网络模型对测试集的预测值与实际值的对比及 MAPE 值如表 5-20 所示。

表 5-20　BP 和 GA-BP 计算结果对比

样本序号	实测值	BP预测值	GA-BP值	BP误差	GA-BP误差
1	57.743 3	58.079 5	57.993 1	0.336 2	0.249 8
2	57.954 0	57.900 5	58.050 2	−0.053 5	0.096 2
3	58.455 1	58.033 3	58.087 5	−0.421 8	−0.367 6
4	57.773 2	57.995 0	57.986 2	0.221 8	0.213 0
5	57.875 0	57.834 0	57.983 2	−0.040 9	0.108 2
6	58.022 9	57.891 3	57.950 7	−0.131 6	−0.072 2
7	58.095 7	57.886 8	58.002 7	−0.209 0	−0.093 0
8	57.799 0	57.954 9	57.984 9	0.155 8	0.185 8
9	58.175 0	58.026 0	57.936 9	−0.149 1	−0.238 1
10	58.230 5	57.889 9	57.961 2	−0.340 6	−0.269 2
11	58.199 4	57.874 3	57.991 6	−0.325 1	−0.207 8
12	58.169 9	58.160 8	58.086 8	−0.009 0	−0.083 1
13	58.460 6	58.082 7	58.141 3	−0.377 9	−0.319 3
14	57.651 1	57.979 5	57.985 7	0.328 5	0.334 6
15	58.025 3	58.163 9	58.096 7	0.138 6	0.071 4
16	57.744 6	57.956 8	58.018 0	0.212 1	0.273 4
17	57.547 2	58.163 9	58.089 3	0.616 8	0.542 2
18	58.436 6	58.086 0	58.140 8	−0.350 6	−0.295 8
19	57.943 2	57.986 6	58.030 3	0.043 4	0.087 1
20	57.712 1	57.889 4	57.966 1	0.177 3	0.254 1
21	58.040 4	57.998 0	58.038 9	−0.042 4	−0.001 5

样本序号	实测值	BP预测值	GA-BP值	BP误差	GA-BP误差
22	58.005 1	57.877 7	58.003 3	−0.127 4	−0.001 8
23	58.245 9	57.978 2	58.019 9	−0.267 7	−0.226 0
24	57.666 4	57.971 8	58.013 8	0.305 4	0.347 3
25	57.549 9	57.937 4	58.058 2	0.387 5	0.508 3
26	58.154 2	57.993 5	58.035 9	−0.160 7	−0.118 2
27	57.564 3	57.977 8	57.920 5	0.413 5	0.356 1
28	58.033 1	58.005 3	58.059 8	−0.027 9	0.026 6
29	58.353 9	58.075 8	57.996 2	−0.278 1	−0.357 7
30	58.274 8	58.133 1	58.077 0	−0.141 7	−0.197 8
31	58.413 6	57.956 7	58.070 9	−0.456 8	−0.342 6
32	57.854 6	57.873 9	57.972 3	0.019 2	0.117 7
33	58.392 0	57.938 4	58.027 7	−0.453 6	−0.364 3
34	57.771 3	57.898 0	57.930 5	0.126 7	0.159 2
35	57.820 5	57.955 5	57.921 5	0.135 0	0.101 0
36	58.377 1	57.963 4	57.920 0	−0.413 7	−0.457 0
37	58.095 5	57.921 5	58.065 5	−0.174 0	−0.030 0
38	58.415 1	57.972 9	58.009 0	−0.442 2	−0.406 1
39	57.885 5	57.952 0	57.923 3	0.066 6	0.037 8
40	57.774 6	57.959 1	57.920 5	0.184 4	0.145 9

图 5-22 和图 5-23 分别为优化前后的 BP 神经网络预测值和真实值对比及其误差对比。由图 5-22 和图 5-23 可知，GA-BP 预测数据拟合度高于 BP 预测数据拟合度，泛化能力增强。

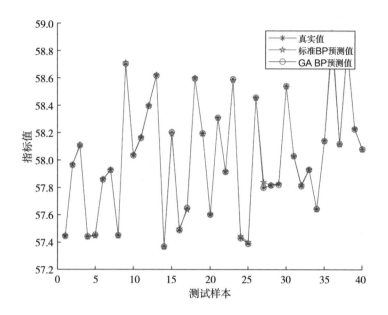

图 5-22　优化前后的 BP 神经网络预测值和真实值对比图

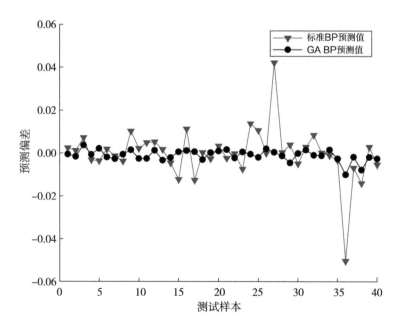

图 5-23　优化前后的 BP 神经网络预测值和真实值误差对比图

表 5-21 为不同模型产生的误差结果。由表 5-21 可知，GA-BP 神经网络模型对训练样本的预测结果中 *MAE*、*MSE*、*RMSE* 以及 *MAPE* 的具体值分别为 0.002 004 8、0.000 007 465 7、0.002 732 3、0.003 444 7，其值较 BP 神经网络模型分别降低了 70.996%、94.875%、77.363%、71.033%。综合可以看出，BP 神经网络模型和 GA-BP 神经网络模型都具有一定的预测效果，但基于 GA 优化的 BP 神经网络模型的预测误差进一步减小，拟合效果更好，整体预测精度和稳定性有了很大提高。

表 5-21　不同模型产生的误差结果

神经网络模型	*MAE*	*MSE*	*RMSE*	*MAPE*
BP	0.006 912 1	0.000 145 68	0.012 07	0.011 892
GA-BP	0.002 004 8	0.000 007 465 7	0.002 732 3	0.003 444 7

5.6.6　训练集样本数对学习精度的影响

为了探究不同数量训练集样本数对 GA-BP 神经网络模型学习精度的影响，本节选择不同训练集样本数（50 ～ 180）在 14 种情况下运用 GA-BP 神经网络对上述算例进行土质滑坡风险定量评估，结果表 5-22 所示。

表 5-22　不同数量训练集产生的误差结果

训练集样本数	*MAE*	*MSE*	*RMSE*	*MAPE*
50	0.007 741 2	0.000 196 142 1	0.014 001 5	0.013 353 2
60	0.001 273 6	0.000 004 815 8	0.002 194 5	0.002 193 9
70	0.002 579 7	0.000 025 641 2	0.005 063 7	0.004 448 7
80	0.000 905 2	0.000 001 019 1	0.001 009 5	0.001 561 3
90	0.001 193 1	0.000 002 372 7	0.001 540 4	0.002 048 7
100	0.002 500 1	0.000 001 294 4	0.003 597 8	0.004 297 8

训练集样本数	MAE	MSE	RMSE	MAPE
110	0.016 884 1	0.000 727 600 1	0.026 974 1	0.029 081 3
120	0.001 770 8	0.000 005 327 9	0.002 308 2	0.003 052 2
130	0.002 973 1	0.000 038 772 3	0.006 226 7	0.005 129 5
140	0.001 513 1	0.000 003 191 9	0.001 786 6	0.002 612 7
150	0.000 377 2	0.000 000 194 1	0.000 440 5	0.000 648 5
160	0.001 648 9	0.000 004 488 3	0.002 118 6	0.002 828 4
170	0.001 830 8	0.000 005 281 2	0.002 297 8	0.003 150 8
180	0.001 456 6	0.000 002 957 5	0.001 719 7	0.002 513 6

不同数量训练集误差结果图如图 5-24 所示。由图 5-24 可知，随着训练集样本数的增加，训练集样本数为 50～150 时四类误差指标均总体趋势减小，直至训练集样本数为 150 时最低，训练集样本数为 150～180 时四类误差指标均逐渐增加。由此可见，该 GA-BP 神经网络模型初始设置时按 3∶1 的比例将前 1～150 组及定量评估指标作为训练样本，151～200 组作为检验样本最为合适。

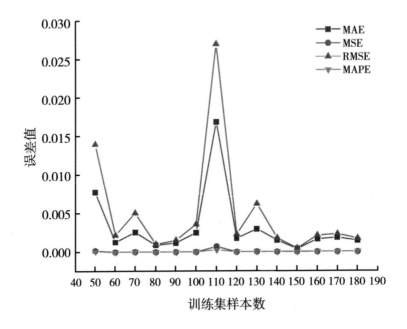

图 5-24　不同数量训练集误差结果图

5.6.7　训练集样本数和计算总次数对预测的影响

为了探究采用 GA-BP 神经网络开展滑坡风险定量评估所需合适数量的训练集样本数和计算总次数，本节运用不同数量训练集样本数（80、110、150、180）构建 GA-BP 神经网络，对上述滑坡算例进行不同计算总次数（100、200、500、1 000、1 500）的风险定量评估，结果如图 5-25 所示。

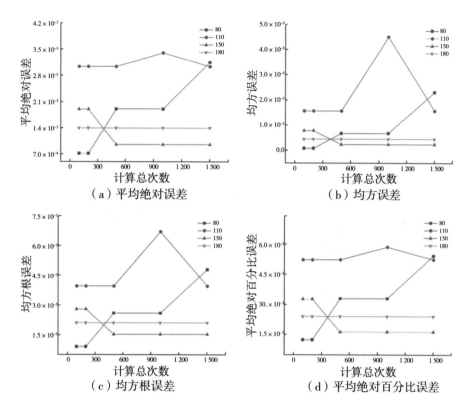

图 5-25 四类误差指标对比图

由图 5-25 可知，由不同数量的学习集构建的 GA-BP 神经网络开展不同计算总次数的土质滑坡风险定量评估时，四种误差指标变化趋势一致。其中，选取 110 组数据作为学习集构建的 GA-BP 神经网络开展土质滑坡风险定量评估时，所得四种误差指标较选取 80、150 和 180 组数据的误差更大；选取 180 组数据作为学习集构建的 GA-BP 神经网络开展土质滑坡风险定量评估时，四种误差指标均较小且几乎保持稳定；总计算次数达到 500 以后，计算误差几乎一致。不同计算总次数下滑动距离分布图如图 5-26 所示。

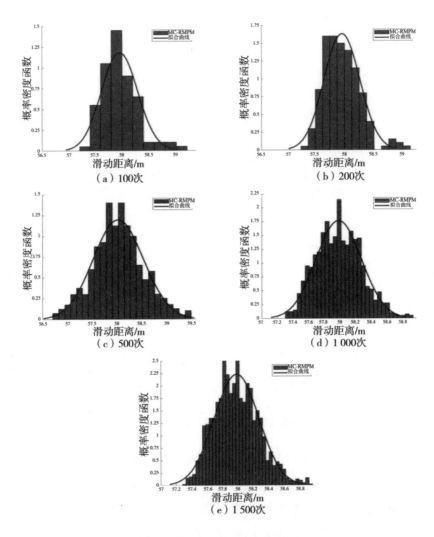

图 5-26　不同计算总次数下滑动距离分布图

由图 5-26 可知，总计算次数为 100 和 200 时，计算结果与正态分布曲线拟合较差，总计算次数为 500、1 000 和 1 500 时，计算结果与正态分布曲线拟合较好。经过综合，本节选用 180 组数据作为学习集构建的 GA-BP 神经网络，总计算次数为 500 次，并以此开展土质滑坡风险定量评估。记录运行时间如表 5-23 所示。

表 5-23　不同计算总次数的计算时间

计算次数	不同计算方法所用时间/h		
	MC-MPM	MC-RMPM	GA-BP
100	7	4	3.6
200	14	8	3.6
500	35	20	3.6
1 000	70	40	3.6
1 500	105	60	3.6

由表 5-23 可知，随着样本数的增加，MC-MPM 和 MC-RMPM 计算所需时间明显增加，而 GA-BP 神经网络只需要运算 MC-RMPM 程序 180 次就可得到训练集所需数据，从而完成神经网络的初始构建，提高了计算效率，节约了计算时间成本。因此，基于 GA-BP 神经网络对土质滑坡进行定量评估更便于工程实际应用。

5.7　本章小结

土体滑坡过程的数值模拟，本质上是对材料大变形破坏问题进行模拟，物质点法在该方面有着显著的优势。同时，边坡土体参数具有空间变异性，随机场论能很好地模拟这一特性。本章以物质点法为数值计算工具，分别与蒙特卡洛模拟结合提出蒙特卡洛物质点法，与随机场论结合提出蒙特卡洛随机物质点法，对土质滑坡全过程进行定量评估，并采用遗传算法改进 BP 神经网络，建立土质滑坡定量评估神经网络模型，得到如下结论：

（1）提出了将蒙特卡洛算法和物质点法结合的新型数值计算方法——蒙特卡洛物质点法。通过模拟分析土质滑坡破坏过程，揭示滑坡变形破坏机理，同时研究土体强度参数的概率分布类型对土质滑坡全过程风险定量评估的影响。研究表明：土体抗剪强度参数（黏聚力和内摩擦角）的概率分布类型对滑坡破坏后果有很大影响。通过对黏聚力和内摩擦角在四类连续型概率分布下四种滑坡全过程风险定量评估参数的拟合分析，得出黏聚力服从对数正态分布、内摩擦角服从正态分布时与定量评估参数结果更相符。

（2）提出了将蒙特卡洛算法、随机场论和物质点法相结合的蒙特卡洛随机物质点法，基于滑动动能和滑动质量比这两种定量评估指标，分别考虑相关函数、相关距离、残余强度和抗剪强度参数对土质滑坡全过程风险定量评估的影响。研究表明：相较于确定性分析，考虑土体参数空间变异性的蒙特卡洛随机物质点法，能更准确地对土质滑坡全过程风险进行定量评估；随机场的离散依赖相关函数、相关距离和残余强度，其中采用指数函数作为相关函数，在相关距离为 2 m、残余黏聚力强度为 12 kPa、残余内摩擦角为 6° 条件下进行模拟分析较为合适；对土体抗剪强度参数，相较黏聚力，滑坡风险对内摩擦角的空间变异性更敏感。

（3）为提高蒙特卡洛随机物质点法定量评估滑坡的计算效率，利用遗传算法 GA 改进 BP 神经网络模型，建立基于土体参数和土质滑坡风险定量评估指标训练的 GA-BP 网络模型。研究表明：基于遗传算法改进的 BP 神经网络的滑坡风险定量评估模型，可以通过优化模型的初始权值和阈值，得到较高精度的定量评估结果，提高土质滑坡风险定量评估效率，方便工程实际应用。

第6章　基于B样条物质点法的牛顿／非牛顿溃坝流模拟研究

6.1　概述

溃坝流冲击是指当水坝或堤坝发生破坏时，蓄积在坝前的水体突然释放而形成流动现象。溃坝流冲击具有高速、高压和高能量的特点，会对河道、岸坡和建筑物等构筑物造成严重破坏。此外，溃坝流冲击可能引发洪水、泥石流等次生灾害，给人民生命财产带来巨大威胁。因此，研究溃坝流流动和冲击特性对于工程防洪和灾害管理具有重要意义。本章基于B样条物质点法，引入牛顿／非牛顿流体本构、人工状态方程，发展一种牛顿／非牛顿弱可压缩B样条物质点法，对牛顿／非牛顿溃坝流冲击问题进行模拟研究，分析牛顿、非牛顿流体的流动冲击特性及其影响因素和影响规律。

6.2　B样条物质点法

如图6-1所示，首先定义两个节点矢量 Ξ 和 H，其中 $\xi_1 = \cdots = \xi_{p+1} < \xi_{p+2} < \cdots < \xi_{n+1} = \cdots = \xi_{n+p+1}$，$\eta_1 = \cdots = \eta_{q+1} < \eta_{q+2} < \cdots$

$< \eta_{m+1} = \cdots = \eta_{m+q+1}$。由节点矢量 $\varXi$ 和 $\boldsymbol{H}$ 形成一个参数网格空间，将离散的物质点（实心圆）包裹在内，即物质点的位置信息由 (ξ, η) 表示。

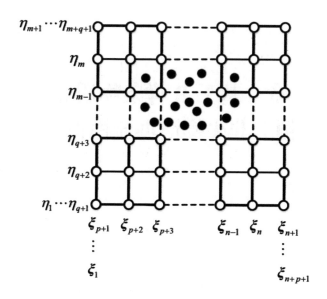

图 6-1　节点矢量 $\varXi$ 和 $\boldsymbol{H}$ 及参数网格空间

图 6-2 是节点自由度空间或节点网格空间，其中 (i, j) 表示节点自由度空间中对应的 (i, j) 自由度；物质点 (ξ, η) 在节点自由度 (i, j) 上对应的 B 样条插值基函数记作 $N_{(i,j),(p,q)}(\xi, \eta)$，其中 (p,q) 分别表示在节点矢量 $\varXi$ 和 $\boldsymbol{H}$ 方向上 B 样条基函数的阶数。可以看出：在 B 样条物质点法中，物质点对应各节点自由度上的 B 样条基函数的值是在参数网格空间上计算得到的；物质点和节点自由度之间各物理量的相互映射是在节点自由度空间内完成的。

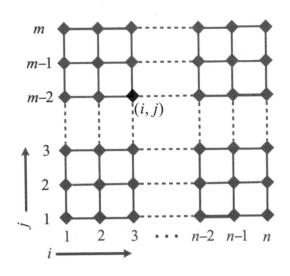

图 6-2　节点自由度空间

B 样条物质点法的具体算法实现过程为：

（1）划分参数网格，将待求解问题域离散成若干个物质点。

（2）初始化物质点的位置、质量、动量等物质信息。

（3）采用 B 样条基函数，在第 k 个计算时间步，将物质点上的质量和动量信息映射到节点自由度空间的各节点自由度上，即

$$m_{(i,j)}^{k} = \sum_{p} m_p N_{(i,j),(p,q)}\left(x_p^k\right) \tag{6-1}$$

$$v_{(i,j)}^{k} = \frac{\sum_{p} m_p v_p^k N_{(i,j),(p,q)}\left(x_p^k\right)}{m_{(i,j)}^{k}} \tag{6-2}$$

（4）计算节点自由度空间中各节点自由度上的内力和外力，即

$$\left(f_{(i,j)}^{\text{int}}\right)^{k} = -\sum_{p} \nabla N_{(i,j),(p,q)}\left(x_p^k\right) \cdot \sigma_p^k V_p^k \tag{6-3}$$

$$\left(f_{(i,j)}^{\text{ext}}\right)^k = \sum_p N_{(i,j),(p,q)}\left(x_p^k\right)m_p^k b_p^k + \sum_p N_{(i,j),(p,q)}\left(x_p^k\right)V_p^k t_p^{-k} h^{-1} \quad (6-4)$$

（5）计算节点自由度空间各节点自由度上的加速度和速度，即

$$a_{(i,j)}^k = \frac{\left(f_{(i,j)}^{\text{int}}\right)^k + \left(f_{(i,j)}^{\text{ext}}\right)^k}{m_{(i,j)}^k} \quad (6-5)$$

$$v_{(i,j)}^{k+1} = v_{(i,j)}^k + a_{(i,j)}^k \Delta t \quad (6-6)$$

（6）在节点自由度空间施加本质边界条件。

（7）将节点自由度空间的加速度和速度信息，采用 B 样条基函数映射回各物质点，得到第 $k+1$ 个时间步上物质点的速度和位置，即

$$v_p^{k+1} = v_p^k + \Delta t \sum_i N_{(i,j),(p,q)}\left(x_p^k\right)a_{(i,j)}^k \quad (6-7)$$

$$x_p^{k+1} = x_p^k + \Delta t \sum_i N_{(i,j),(p,q)}\left(x_p^k\right)v_{(i,j)}^k \quad (6-8)$$

（8）将更新后的物质点速度重新映射回节点自由度空间各节点自由度上，并计算物质点第 $k+1$ 个时间步上的应变增量，即

$$\overline{v}_{(i,j)}^{k+1} = \frac{\sum_p m_p v_p^{k+1} N_{(i,j),(p,q)}\left(x_p^k\right)}{m_{(i,j)}^k} \quad (6-9)$$

$$\Delta\varepsilon_p = \frac{\Delta t}{2}\sum_i\left\{\overline{v}_{(i,j)}^{k+1}\nabla N_{(i,j),(p,q)}\left(x_p^k\right) + \left[\overline{v}_{(i,j)}^{k+1}\nabla N_{(i,j),(p,q)}\left(x_p^k\right)\right]^{\text{T}}\right\} \quad (6-10)$$

（9）更新物质点的密度、应力应变、位置等信息，开始下一计算步。

可以看出，B 样条物质点法与标准物质点法的求解步骤基本一致，仅需将物质点法中的线性插值形函数和背景网格节点分别由 B 样条基函数和节点自由度空间代替即可得到，因此其实现算法较简单。

B 样条函数，即基本样条函数（basic spline function），是定义在节点矢量（knot span）上的分段多项式函数。节点矢量是由一个定义在参

数域的非递减的节点坐标序列构成，记作

$$\varXi = \left\{\xi_i, \xi_{i+1}, \cdots, \xi_{n+p}, \xi_{n+p+1}\right\} \qquad （6-11）$$

式中：ξ_i 为第 i 个节点；i 为节点序列号，i=1，2，$\cdots$，$n+p+1$；n 为定义在节点矢量 $\varXi$ 上基函数的总个数；p 为 B 样条基函数的阶数；$[\xi_i, \xi_{i+1})$ 为节点区间，如果所有相邻节点之间的节点区间长度相等的话（即 $\xi_{i+1} - \xi_i$ 是一个常数，对 $0 \leqslant i \leqslant n+p+1$），则称节点区间为均匀的，反之，则称节点区间为非均匀的；如果一个节点 ξ_i 出现 k 次（即 $\xi_i = \xi_{i+1} = \cdots = \xi_{i+k-1}$），其中 $k > 1$，则称 ξ_i 是一个重复度（multiplicity）为 k 的多重节点，记为 $\xi_i(k)$，反之，如果 ξ_i 只出现一次，则它是一个简单节点。

B 样条基函数的定义方法有多种，其表达式虽然各不相同，但本质是一样的，其中 Cox-de Boor 递归公式基于计算稳定、易于实现等优点而被广泛采用。在 Cox-de Boor 递归公式中，p 次第 i 条 B 样条基函数 $N_{i,p}$ 可定义为

$$N_{i,0}(\xi) = \begin{cases} 1 & 如果 \; \xi_i \leqslant \xi < \xi_{i+1} \\ 0 & 其他 \end{cases}, \quad 约定 \; 0/0=0 \qquad （6-12）$$

$$N_{i,p}(\xi) = \frac{\xi - \xi_i}{\xi_{i+p} - \xi_i} N_{i,p-1}(\xi) + \frac{\xi_{i+p+1} - \xi}{\xi_{i+p+1} - \xi_{i+1}} N_{i+1,p-1}(\xi) \qquad （6-13）$$

可以看出：如果基函数的阶数为零（即 p=0），则基函数呈阶梯分布，即在第 i 个节点区间 $[\xi_i, \xi_{i+1})$ 上，基函数 $N_{i,0}(\xi)$ 等于 1，而在其他节点区间其等于 0。

采用 $N_{i,0}(\xi)$ 和 $N_{i+1,0}(\xi)$，通过式（6-13）可以得到 $N_{i,1}(\xi)$；一旦所有 $N_{i,1}(\xi)$ 计算完毕，采用同样的方法可以得到 $N_{i,2}(\xi)$，继续这个过程直到所有需要的 $N_{i,p}(\xi)$ 计算完毕，其递归过程可由图 6-3 表示。图 6-4 ～图 6-7 分别给出了在区间 [0, 1] 内的 1 次到 4 次 B 样条基函数分布图，其中在 [0, 1] 区间内，1 次 B 样条基函数的节点矢量为 $\varXi$= {0.0，0.0，0.2，0.4，0.6，0.8，1.0，1.0}；在 [0, 1] 区间内，2 次 B 样条基函

数的节点矢量为 $\varXi$ = {0.0，0.0，0.0，0.2，0.4，0.6，0.8，1.0，1.0，1.0}；在 [0, 1] 区间内，3 次 B 样条基函数的节点矢量为 $\varXi$ = {0.0, 0.0, 0.0, 0.0, 0.2, 0.4, 0.6, 0.8, 1.0, 1.0, 1.0, 1.0}；在 [0, 1] 区间内，4 次 B 样条基函数的节点矢量为 $\varXi$ = {0.0，0.0，0.0，0.0，0.0，0.2，0.4，0.6，0.8，1.0，1.0，1.0，1.0，1.0}。

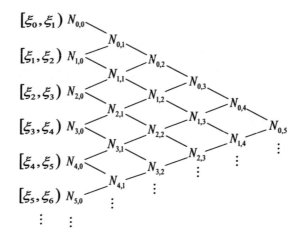

图 6-3　Cox-de Boor 递归示意图

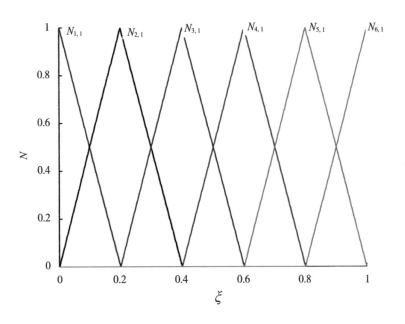

图 6-4　区间 [0，1] 内，1 次 B 样条基函数

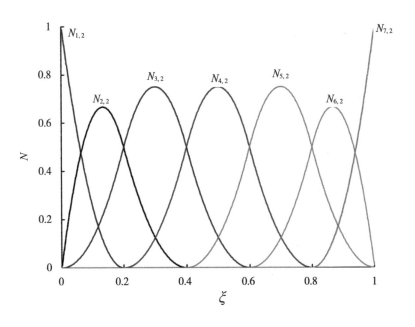

图 6-5　区间 [0，1] 内，2 次 B 样条基函数

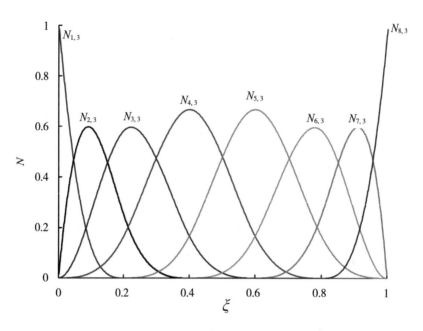

图 6-6　区间 [0，1] 内，3 次 B 样条基函数

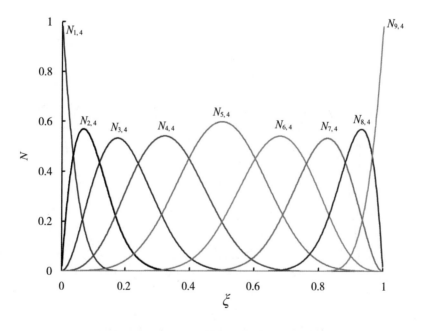

图 6-7　区间 [0，1] 内，4 次 B 样条基函数

由图 6-4 ～图 6-7 可知，1 次 B 样条基函数和传统物质点法中采用的线性插值形函数相同，2 次及以上 B 样条基函数更为光滑。随着 B 样条基函数阶数的提高，节点矢量内的节点和基函数个数将会相应地增加，同时基函数在边界处具有更大的梯度值。所有 B 样条基函数在首末两端点只有唯一取值为 1 的基函数，其余基函数取值为 0，即 B 样条基函数在边界处具有插值特性。

同时，B 样条基函数的其他重要性质如下。

（1）非负性：对所有 i，p 和 ξ，有 $N_{i,p}(\xi) \geqslant 0$。

（2）单位分解性：对节点区间上任意一点 ξ，有 $\sum_{i=1}^{n} N_{i,p}(\xi) = 1$。

（3）紧支性：如果 $\xi \notin [\xi_i, \xi_{i+1})$，则 $N_{i,p}(\xi) = 0$，即 $N_{i,p}(\xi)$ 仅在 $[\xi_i, \xi_{i+1})$ 上非零。

（4）可微性 / 高阶连续性：在节点区间内部，$N_{i,p}(\xi)$ 为无限可微的，而在节点 ξ_i 处为 $p - m_i$ 次可微，其中 m_i 为节点 ξ_i 处的节点重复度。也就是说，如果 B 样条基函数的节点区间为均匀的，则 $N_{i,p}(\xi)$ 具有 $(p-1)$ 的连续性；对重复度为 k 的多重节点，$N_{i,p}(\xi)$ 具有 $(p-k-1)$ 的连续性，且 B 样条基函数在整个作用域（包括作用域的边界处）具有相同的连续性。

其导数可表示为

$$\frac{\mathrm{d}N_{i,p}(\xi)}{\mathrm{d}\xi} = \frac{p}{\xi_{i+p} - \xi_i} N_{i,p-1}(\xi) - \frac{p}{\xi_{i+p+1} - \xi_{i+1}} N_{i+1,p-1}(\xi) \quad （6-14）$$

通过以上性质可以看出，B 样条基函数具有插值形函数的所有特性，可用于代替物质点法的插值形函数，从而得到 B 样条物质点法（B-spline material point method, BSMPM）。

6.3 牛顿／非牛顿流体本构模型

在物质点法中，可通过如下本构模型更新流体介质的应力信息：

$$\sigma_{\mathrm{p}} = 2\mu\dot{\varepsilon}_{\mathrm{p}} - \frac{2}{3}\mu\mathrm{tr}\left(\dot{\varepsilon}_{\mathrm{p}}\right)\delta - P_{\mathrm{p}}\delta \qquad (6\text{-}15)$$

式中：μ 为动力黏度；P_{p} 为流体粒子的压力；δ 为克罗内克符号；$\dot{\varepsilon}_{\mathrm{p}}$ 和 $\mathrm{tr}\left(\dot{\varepsilon}_{\mathrm{p}}\right)$ 分别为应变率张量和应变率张量的迹。对于低速流动的流体，可以将流体视为弱可压，通过人工状态方程求解其压力 P_{p}：

$$P_{\mathrm{p}} = \frac{\rho_0 c^2}{\gamma}\left[\left(\frac{\rho}{\rho_0}\right)^{\gamma} - 1\right] \qquad (6\text{-}16)$$

式中：c 和 ρ_0 分别为人工声速和粒子的初始密度；γ 为常数，一般取为 7。

在人工状态方程中，通过选取较小的人工声速，可以显著增大临界时间步长，从而提高计算效率。

牛顿流体的动力黏度系数 μ 为常数，而非牛顿流体的动力黏度系数 μ 与剪切速率 $\dot{\gamma}$ 有关，如 Cross 流和幂律流，两者的动力黏度与剪切速率 $\dot{\gamma}$ 的关系式分别为

$$\mu\left(\dot{\gamma}\right) = \mu_{\infty} + \frac{\mu_0 - \mu_{\infty}}{1 + \left(K\dot{\gamma}\right)^M} \qquad (6\text{-}17)$$

$$\mu\left(\dot{\gamma}\right) = \begin{cases} \mu_0 \dot{\gamma}^{n-1}, & \dot{\gamma} \neq 0 \\ \mu_0, & \dot{\gamma} = 0 \end{cases} \qquad (6\text{-}18)$$

式中：μ_0 和 μ_{∞} 分别为零剪切率和高剪切率下的动力黏度；K、M 和 n 为液体常数。对 Cross 流，定义常数 $a = \mu_{\infty}/\mu_0$，则 $a=1$、$a<1$ 和 $a>1$ 分别对应牛顿流体、剪切稀化和剪切稠化 Cross 流；对于幂律流，$n=1$、$n<1$ 和 $n>1$ 分别对应牛顿流体、剪切稀化和剪切稠化幂律流体。

6.4　非牛顿溃坝流本构模型的测定

在溃坝流问题中，传统的研究方法主要基于牛顿流假设，采用纳维—斯托克斯（Navier-Stokes）方程组来描述溃坝流体运动规律。该方法适用理想条件下，能够较好地预测溃坝过程中的流体流动和冲击特性。然而，实际情况下大坝发生溃坝时，大量流体迅速释放并形成泥石流和泥浆，这两种溃坝流体特性并不能用牛顿流体模型表征。非牛顿流体的表观黏度值是变化的，即剪切应力与剪切速率的比值是变化的。目前，大多数旋转式黏度计只能以某一剪切速率下的表观黏度值来判断其他剪切速率下的流动特性，适合对非牛顿流体进行粗略测量而非精确测量。流变仪可以通过改变旋转角速度的方式来改变剪切速率，得到不同剪切速率下非牛顿流体的表观黏度。采用 L-90 流变仪测定非牛顿溃坝流体，旨在找寻正确描述非牛顿溃坝流体特性的本构模型。

6.4.1　试验仪器和试剂

本章所用主要试验仪器和试剂如表 6-1 所示。

表 6-1　实验仪器和试剂

试验仪器/试剂	仪器型号/含水量
电子天平	BSA822
旋转式黏度计	NDJ-79
调速电动机	BLE2
烘箱	DHG-1300AE
泥石流	50%、60%、70%
泥浆	70%、80%、90%

6.4.2　试验原理与步骤

试验使用 L-90 流变仪对不同含水量泥石流和泥浆试剂流体黏度进行测定。L-90 流变仪由主机、调速控制箱和三种单元测定器组成，流变仪工作原理如图 6-8 所示。

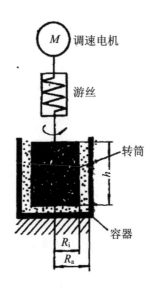

图 6-8　L-90 流变仪示意图

具体测定步骤如下：

（1）读取 M 并计算静止状态的剪切应力 τ：读取电机壳体上游丝安装时的初始扭矩 $M(N \cdot m)$、转筒高度 $h(m)$、转筒外半径 $R_i(m)$、转筒内半径 $R_a(m)$，并计算该转筒静止时剪切应力 τ。

（2）开启流变仪控制电脑：在开启电脑前，检查流变仪是否安装完整。先安装控温装置，将泥浆试样（含水量为 50%）放入测试容器中，再将测试容器放在仪器托架上，选择安装转筒和减速器，转筒浸入流体直到完全浸没，最后检查热传感器及加热电源接口是否对应。

（3）通电：检查完毕正常后，打开设在流变仪主机背面的总电源开关，顺时针旋转 90° 至 "ON" 为开通，逆时针旋转 90° 至 "OFF" 为关断，当给流变仪主机通电时，电源开关左侧的电源指示灯亮起则说明主机通电正常。

（4）运行控制平台软件进行实验：流变仪主机通电后，运行已经安装在计算机中的控制软件，直接双击桌面上的主机图标运行流变仪控制平台软件。

（5）启动通信：在控制平台界面的右上角点击"启动通信"按钮启动通信，启动过程要持续几秒的时间，完成后，启动按钮中的文字显示为"停止通信"以及左边的绿色指示灯亮起，同时"启动加热"及"启动电机"按钮变为可用状态。

（6）启动加热：输入温度设定值为 20℃后，点击"启动加热"按钮使流变仪开始加热，可看到按钮左边的绿色指示灯亮起，说明加热已经成功启动，根据设定温度的高低以及使用平台的不同，流变仪加热至设定温度的温度一般为数分钟到数十分钟。

（7）启动电机：流变仪加热到设定温度并平稳后，就可以启动电机，绿色指示灯亮起表明电机转动。启动电机后，转筒开始晃动直到对准中心为止，当指针稳定后即可读数。当读数小于 10 格时，应提高一档剪切速率或更换转筒。

（8）读数：在 20℃下测定泥石流试样（含水量为 50%）在不同剪切速率下（剪切速率从 0 sr 开始，依次递增 10 次，每次递增量为 10 sr）的剪切应力，测定时，一般需等待 30 min，待泥石流试样温度稳定在 20℃后，依次增加剪切速率，读取不同剪切速率 D 下的刻度分值 A 和角速度 Ω，根据下面计算公式计算不同剪切速率下对应的剪切应力 τ' 以及黏度 η：

$$\tau' = \frac{M}{2\pi h R_i^{2}} A \qquad (6-19)$$

$$D = \frac{2\Omega}{1 - (R_i^{2}/R_a^{2})} \qquad (6-20)$$

$$\eta = \frac{M}{4\pi h \Omega}(\frac{1}{R_i^{2}} - \frac{1}{R_a^{2}}) \qquad (6-21)$$

（9）重复试验：将其余不同含水量泥石流试样重复上述步骤并得到相应的试验数据。泥浆也重复上述试验步骤并得到相应的试验数据。

（10）关闭设备：数据记录完后，遵循下列步骤关闭试验设备：停止电机→停止加热→停止通信→关闭控制程序→关闭流变仪电源→关闭计算机。

（11）清理设备：试验结束后，清理在电机停止的情况下拆卸的容器，用铜刷或塑料刷清除腔内液体。清理干净后，按顺序把流变仪安装好。

6.4.3　试验结果与分析

图 6-9 给出了不同含水率泥石流剪切应力随剪切速率变化关系和拟合函数曲线。由图 6-9 可知，将三条曲线用 Bingham 流变模型拟合时，泥石流剪切应力随剪切速率变化关系与 Bingham 模型的拟合曲线吻合程度较高；随着含水率的增大，泥石流在同一剪切速率下的剪切应力下降，表观黏度值减少。

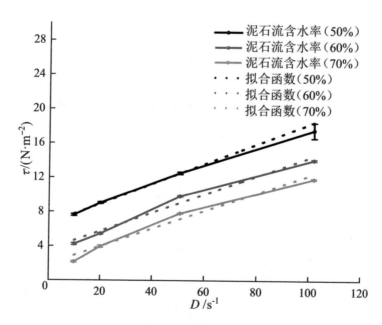

图6-9　不同含水率泥石流的剪切应力随剪切速率变化关系

图 6-10 给出了不同含水率泥浆剪切应力随剪切速率变化关系和拟合
函数曲线。由图 6-10 可知，将三条曲线用幂律流变模型拟合时，泥石流
剪切应力随剪切速率变化关系与幂律模型拟合曲线吻合程度较高；剪切
速率和含水率对泥浆的剪切应力有显著影响；当剪切速率介于 10 ～ 20
s^{-1} 时，剪切应力迅速增加，当剪切速率大于 20 s^{-1} 时，剪切应力的增长
趋于缓慢。这是因为在较低的剪切速率下，颗粒之间的附着力和摩擦力
占主导地位，随着剪切速率的增加，颗粒开始逐渐脱离，流动性增强，
从而导致剪切应力迅速增加。然而，当剪切速率超过某一阈值时，颗粒
之间的附着力和摩擦力基本稳定，剪切应力的增长变得缓慢，这与幂律
流变特性相吻合。综上，非牛顿溃坝流体流动和冲击特性问题的本构模
型可使用 Bingham 流变模型和幂律模型来表征描述。

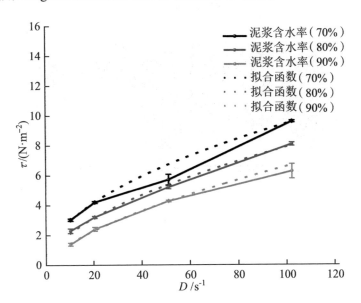

图 6-10　不同含水率泥浆的剪切应力随剪切速率变化关系

6.5 牛顿／非牛顿溃坝流体流动特性

6.5.1 计算模型

为了确保模拟的准确性、模型设计的合理性及结果的有效性，本节对建立的计算模型进行验证。本节采用的物理试验模型如图 6-11 所示，采用 NWC-BSMPM 完全再现了物理试验的全过程，水位高度与启动条件均与试验一致。

图 6-11　溃坝试验的物理试验模型

溃坝流问题模拟模型布置如图 6-12 所示。图 6-12（a）中 h_0 是上游水库水位高度，l_0 是大坝水库区域的长度，l 和 h 分别是水箱的长度和高度的尺寸，h_1、h_2、h_3、h_4 为给定水位测量位置，v 是阀门上升速度；图 6-12（b）中 $L(t)$ 是 t 时刻流体前缘位置，$h(t)$ 是 t 时刻上游水位高度。边界条件取液柱的左右两侧和上下底面都为可滑移边界条件，初始下游河床无水。在模拟计算中取重力加速度 $g=9.81\ \mathrm{m/s^2}$，水的密度 $\rho=1\ 000\ \mathrm{kg/m^3}$。

B样条基函数阶数三阶，阀门上升速度 $v=2.0$ m/s，人工声速 c 和时间步长 Δt 分别为 100 m/s 和 1×10^{-5} s。单元网格尺寸为 0.02 m，每个背景单元网格内布置 $2 \times 2 \times 2$ 个物质点粒子，使用的是二维平面应变模型。

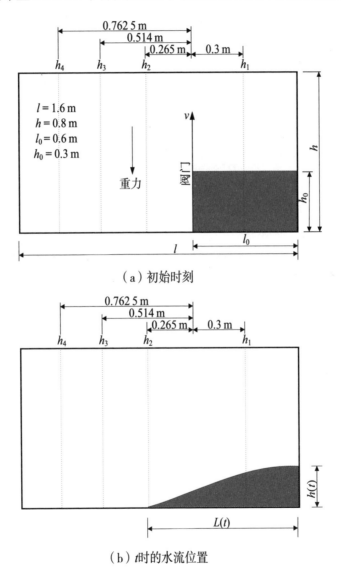

（a）初始时刻

（b）t 时的水流位置

图 6-12　溃坝流问题模拟模型布置示意图

6.5.2 数值模拟与试验比较

为了方便进行对比，本节以无量纲化的 L^*-T^*、H^*-T^* 曲线表示结果。其中，L^* 代表无量纲化后流体波前到达位置，H^* 代表无量纲化后给定位置水位高程，T^* 代表流体流动时间：

$$L^* = \frac{L(t)}{h_0} \qquad (6-22)$$

$$T^* = t\sqrt{\frac{g}{h_0}} \qquad (6-23)$$

$$H^* = \frac{h_n}{h_0} \ (n = 1, 2, 3, 4) \qquad (6-24)$$

图 6-13 为流体波前到达位置随时间变化的曲线。图 6-13 中，实线是洛博维茨基（Lobovský）等人的物理模型实验结果，点线是 B 样条插值基函数阶数三阶时的模拟结果。由图 6-13 可知，模拟结果曲线与试验结果曲线基本吻合，且单调性相近，对于流体波前位置到达水箱左壁的时刻模拟与试验结果基本一致；与试验结果相比，模拟结果早期的流体波前位置变化的速度略低于试验结果，中后期的速度略大于试验结果。模拟和试验流体波前位置变化的速度会产生差异的主要原因如下：试验早期由于快速拆除阀门产生了较大的剪切应力，同时产生射流，使流体波前位置变化的速度比模拟结果速度快；试验中后期由于流体与水箱两侧壁碰撞，流体能量损失，从而使流体波前位置变化的速度比模拟结果速度慢。

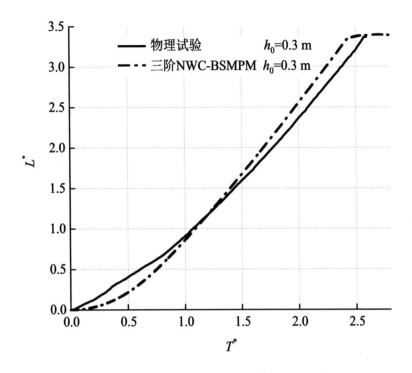

图 6-13　溃坝流体波前位置随时间变化曲线

图 6-14 为不同给定位置 h_1、h_2、h_3 和 h_4 的水位高程随时间变化曲线。由图 6-14 可知，模拟结果曲线与试验结果曲线基本吻合，且单调性相近。与试验结果相比，三阶 NWC-BSMPM 模拟的不同给定位置 h_1、h_2、h_3 和 h_4 的水位高度随时间变化关系曲线过程存在较为明显的锯齿形变化。原因在于数值模拟中，对水位高度的变化，是通过捕捉固定水平位置处一个背景网格单元范围内物质点 y 坐标的最大值得到的，然而试验数据是基于 100 组试验的平均值，因此图中试验结果较光滑，而数值模拟结果呈锯齿形变化，但两者吻合较好。该模拟方法可以准确模拟溃坝流体的传播过程，以及水库区和下游区的水位高程变化规律，验证了 NWC-BSMPM 模拟牛顿溃坝流体流动特性问题的有效性。

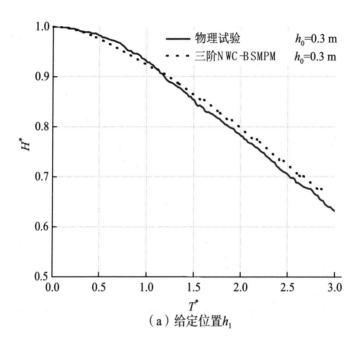

（a）给定位置h_1

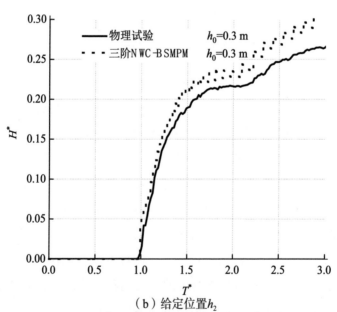

（b）给定位置h_2

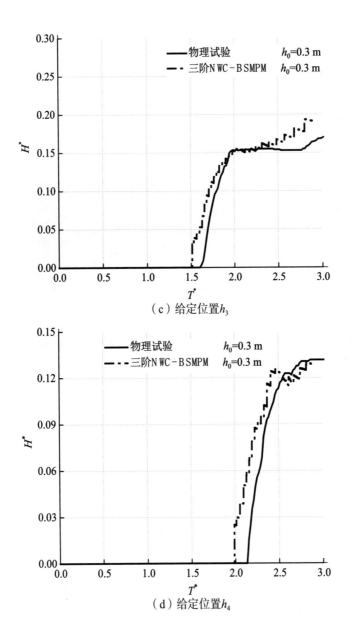

（c）给定位置h_3

（d）给定位置h_4

图 6-14　初始水位高度 h_0=0.3 m 时不同给定位置 h_1、h_2、h_3 和 h_4 的水位高程随时间变化曲线

为了进一步验证 NWC-BSMPM 模拟溃坝流体流动特性的有效性，

图 6-15 给出了不同时刻下速度剖面下三阶 NWC–BSMPM 的模拟结果和试验结果的对比图。由图 6-15 可知，模拟结果的速度剖面与试验结果有良好的一致性，且随着时间的推移，溃坝水流的波前位置的移动速度加快，右侧水库内水位逐渐降低。

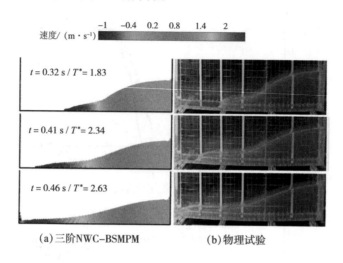

（a）三阶NWC–BSMPM　　　　　　（b）物理试验

图 6-15　三阶 NWC–BSMPM 模拟结果和试验结果

综合以上模拟分析结果可知，NWC–BSMPM 模拟所得流体波前位置、波前流速及给定位置处的高程变化与已有试验结果基本一致，这验证了 NWC–BSMPM 模拟溃坝流体流动问题的有效性，为模拟牛顿溃坝流体流动特性问题提供了一种新的思路和方法。

6.5.3　网格收敛性研究

本节选取的单元网格尺寸为 0.01 m、0.02 m 和 0.04 m，主要研究不同单元网格尺寸对三阶 B 样条物质点法计算收敛性和计算耗时的影响，其中 h_0=0.3 m。图 6-16 给出了不同单元网格尺寸下模拟结果与试验结果流体波前到达位置随时间变化的对比关系，其中实线是物理模型试验结果，虚线、点线和点画线分别为单元网格尺寸为 0.01 m、0.02 m 和 0.04 m 时的模拟结果。由图 6-16 可知，单元网格尺寸为 0.01 m 时模拟的结果曲线与试验结果曲线最为吻合，曲线单调性相近，流体波前位置到达水箱左壁的时刻模拟与试验结果基本一致；单元网格尺寸为 0.04 m 模拟的结果曲线与试验结果曲线吻合性较差，流体波前位置到达水箱左壁的时刻模拟与试验结果存在较大误差。

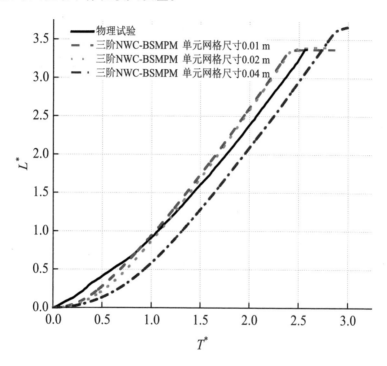

图 6-16　溃坝流体波前位置随时间变化曲线

为了研究网格尺寸对模拟结果收敛性的影响，图 6-17 给出了物理试验 $h_0 = 0.3$ m，单元网格尺寸设为 0.01 m、0.02 m 和 0.04 m 时与模拟试验 $h_0 = 0.3$ m 时不同给定位置 h_1、h_2、h_3 和 h_4 水位高程随时间的变化对比图。由图 6-17 可知，网格尺寸为 0.01 m 时模拟得到的结果曲线与试验结果曲线单调性相近，模拟的结果曲线与试验结果曲线最为吻合；单元网格尺寸为 0.01 m 时，流体波前位置到达不同给定位置 h_1、h_2、h_3 和 h_4 的水位高程的时刻与物理实验结果最为接近。

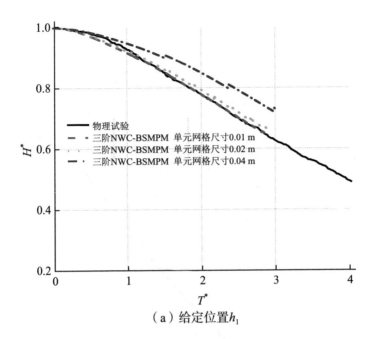

（a）给定位置h_1

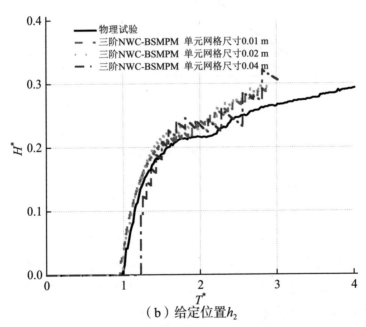

（b）给定位置h_2

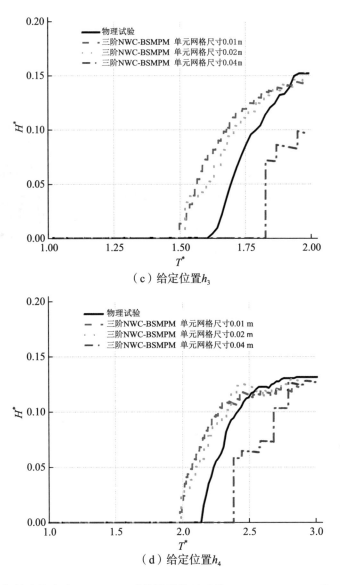

（c）给定位置h_3

（d）给定位置h_4

图 6-17　初始水位高度 h_0=0.3 m 时单元网格尺寸为 0.01 m、0.02 m 和 0.04 m 时
不同给定位置 h_1、h_2、h_3 和 h_4 的水位高程随时间变化曲线

　　为了进一步说明单元网格尺寸对模拟结果收敛性的影响，图 6-18
给出了 h_0=0.3 m，单元网格尺寸分别为 0.01 m、0.02 m 和 0.04 m 时的

NWC–BSMPM 模拟结果和试验结果在 t=0.32 s、t=0.41 s、t=0.46 s 下的速度剖面对比。由图 6–18 可知，单元网格尺寸为 0.01 m 时，模拟结果流体速度趋势与物理试验结果最为吻合，速度剖面图也最为拟合和光滑。

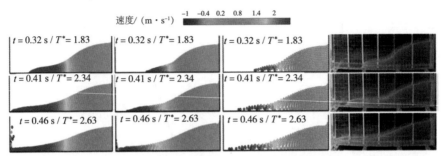

(a) 单元网格尺寸 0.01 m (b) 单元网格尺寸 0.02 m (c) 单元网格尺寸 0.04 m (d) 物理试验

图 6–18 初始水位 h_0=0.3 m 时不同单元网格尺寸下 NWC–BSMPM 模拟结果和试验结果

表 6–2 给出了一阶、二阶和三阶基函数下牛顿模拟的弱可压缩 B 样条物质点法在网格尺寸为 0.01 m、0.02 m 和 0.04 m 下的单步 CPU 计算耗时；图 6–19 绘制了其变化关系曲线。此次程序运算所用计算机为 64 位 CentOS Linux 7 系统、Inter Xeon Gold 6226R @ 2.90GHz × 64 CPU、128G 内存；程序基于 InterFortran90 编辑器，串行计算，CPU 耗时通过 CPU_TIME 命令得到。

表 6–2 不同网格尺寸下，一阶、二阶和三阶基函数下牛顿模拟的弱可压缩 B 样条物质点法的求解耗时

网格尺寸 / m	单步 CPU 计算耗时 /ms		
	一阶基函数	二阶基函数	三阶基函数
0.01	15.802	24.296	36.592
0.02	3.590	5.890	9.032
0.04	0.949	1.636	2.070

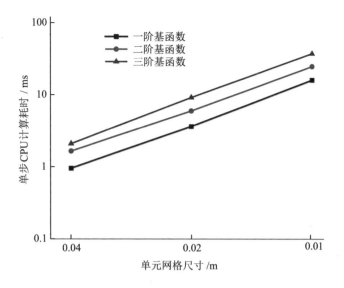

图 6-19　单步 CPU 计算耗时随网格尺寸和基函数阶数的变化

　　由表 6-2 和图 6-19 可知，在基函数阶数一定时，不同阶次 NWC-BSMPM 的计算耗时与背景网格尺寸的增长率基本一致，约成线性增长。

6.5.4　基函数阶次的影响

　　本节选取基函数阶数为一阶、二阶和三阶，研究不同基函数阶数对 B 样条物质点法计算收敛性和计算耗时的影响，其中 h_0=0.3 m，单元网格尺寸为 0.02 m。图 6-20 给出了不同基函数阶数下模拟结果与试验结果流体波前到达位置随时间变化的关系，其中实线是物理模型试验结果，虚线、点线和点画线分别为 B 样条插值基函数阶数一阶、二阶和三阶时的模拟结果。由图 6-20 可知，模拟的结果曲线与试验结果曲线基本吻合，曲线单调性相近，对于流体波前位置到达水箱左壁的时刻模拟与试验结果基本一致。

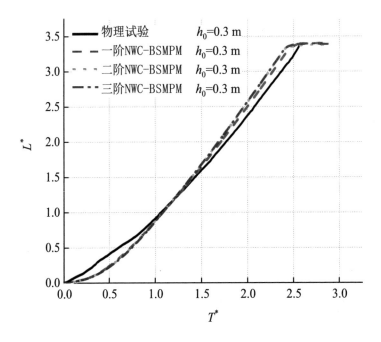

图 6-20　溃坝流体波前位置随时间变化曲线

为了说明 B 样条插值基函数阶数对结果的影响，图 6-21 给出了不同给定位置 h_1、h_2、h_3 和 h_4 的水位高程随时间变化的曲线。由图 6-21 可知，模拟得到的结果曲线与试验结果曲线基本吻合，且曲线的单调性相近；随着 B 样条插值基函数阶数的增加，模拟结果曲线变得愈发平稳和光滑，在 B 样条插值基函数阶数为三阶时，模拟试验所得到的不同给定位置 h_1、h_2、h_3 和 h_4 的水位高程随时间变化的关系曲线最为平稳和光滑；与试验结果相比，不同 B 样条插值基函数阶数下模拟不同给定位置 h_1、h_2、h_3 和 h_4 的水位高度随时间变化的关系曲线过程存在较为明显的锯齿形变化。B 样条插值基函数阶数的增加会产生影响和模拟水位高度随时间变化的关系曲线结果存在明显锯齿形变化的主要原因如下：①在 B 样条物质点法中，随着 B 样条插值基函数阶数的提高，节点矢量内的节点和基函数个数将会相应地增加；②在样条物质点法中，随着 B 样条插值基函数阶数的提高，基函数更为光滑，同时基函数在边界处具有更大的梯度，提高了 B 样条物质点法的求解精度和收敛性；③在数值模拟中，水位高度的变化是通过捕捉固定水平位置处一个背景网格单元范围内物质点 y 坐标的最大值得到的，然而试验数据是基于 100 组试验的平均值，因此图中试验结果较光滑，而数值模拟结果呈锯齿形变化，但两者吻合较好。本章模拟方法可以准确模拟溃坝流体的传播过程，以及水库区和下游区的水位高程变化规律。

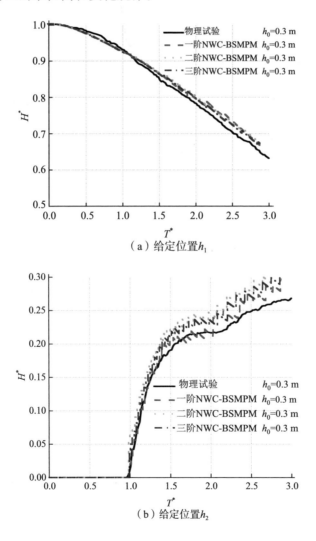

（a）给定位置 h_1

（b）给定位置 h_2

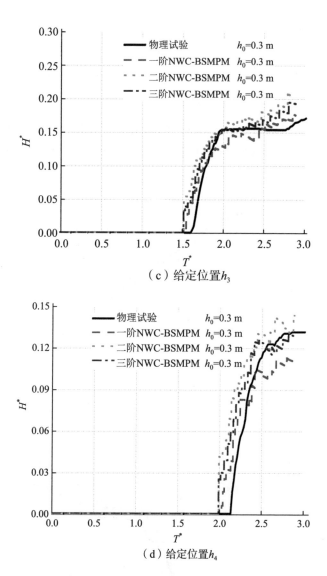

（c）给定位置h_3

（d）给定位置h_4

图6-21　初始水位高度h_0=0.3 m时不同给定位置h_1、h_2、h_3和h_4的水位高程随时间变化曲线

　　为了进一步研究 B 样条插值基函数阶数对模拟结果计算收敛性的影响，图 6-22 给出了不同时刻下速度剖面下 NWC-BSMPM 一阶、二阶、三阶的模拟结果和试验结果的对比图。由图 6-22 可知，模拟结果的速

度剖面与试验结果有良好的一致性，且随着 B 样条插值基函数阶数的提高，速度剖面愈发一致。并且，随着时间的推移，溃坝水流的波前位置的移动速度加快，右侧水库内水位逐渐降低。

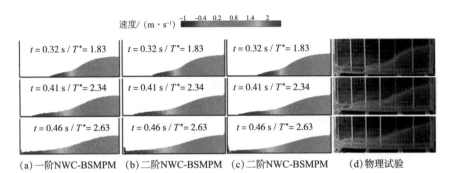

图 6-22　NWC–BSMPM 一阶、二阶、三阶的模拟结果和试验结果

6.5.5　初始水位高度的影响

本节选取 h_0 为 0.3 m、0.6 m 和 1.2 m，研究不同 h_0 对溃坝流体流动特性的影响，其中基函数阶数为三阶，单元网格尺寸为 0.02 m。图 6-23 给出了不同 h_0 下模拟结果和试验结果流体波前到达位置随时间变化的对比关系。其中，实线和虚线是物理模型水位高度 h_0 设为 0.3 m 和 0.6 m 时的试验结果，点线、点画线和双点画线分别为水位高度 h_0 为 0.3 m、0.6 m 和 1.2 m 时的模拟结果。由图 6-23 可知，随着水位高度 h_0 的增大，流体波前位置到达水箱左壁的时刻变短，流体波前速度变大。与试验结果相比，模拟结果早期的流体波前位置变化的速度略慢，中后期的速度略快。

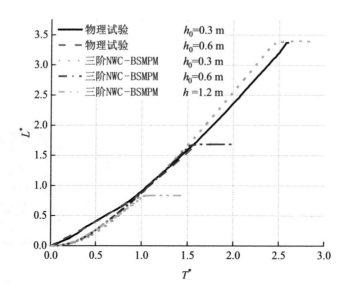

图 6-23 溃坝流体波前位置随时间变化曲线

图 6-24 为物理试验 h_0=0.3 m 与模拟试验 h_0=0.3 m、0.6 m 和 1.2 m 时不同给定位置 h_1、h_2、h_3 和 h_4 的水位高程随时间的变化曲线。由图 6-24 可知，随着水位高度 h_0 的增加，流体前缘位置到达不同给定位置 h_1、h_2、h_3 和 h_4 的水位高程的时间逐渐减短。

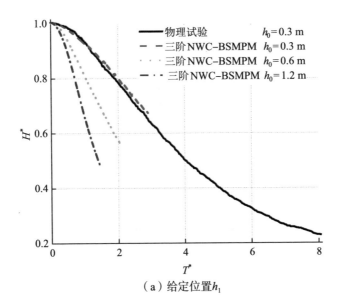

（a）给定位置h_1

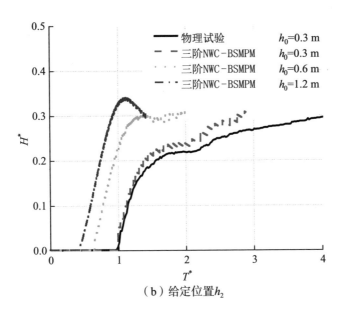

（b）给定位置h_2

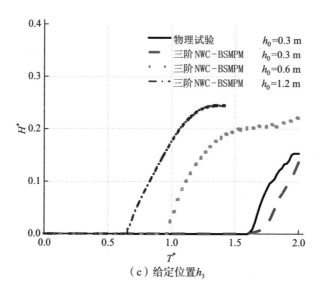

（c）给定位置h_3

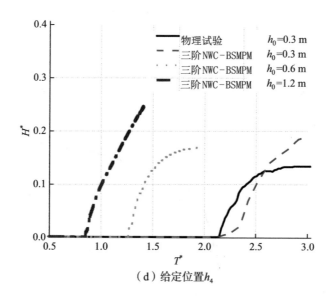

（d）给定位置h_4

图 6-24 初始水位高度 h_0=0.3 m、0.6 m 和 1.2 m 时不同给定位置 h_1、h_2、h_3 和 h_4
的水位高程随时间变化曲线

图 6-25 给出了 h_0=0.3 m 时不同时刻下速度剖面 NWC-BSMPM 模

拟结果、试验结果，以及模拟结果和试验结果重叠比较对比；图 6-26
给出了 h_0=0.6 m 时不同时刻下速度剖面三阶 NWC-BSMPM 模拟结果、
试验结果，以及模拟结果和试验结果重叠比较对比图。由图 6-25 和图
6-26 可知，随着时间的推移，溃坝水流的波前位置的移动速度加快，右
侧水库内水位逐渐降低；随着时间的推移，溃坝水流的前缘位置与水箱
左壁接触碰撞，水流的前缘位置沿着水箱左壁向上溅射。图 6-27 给出
了 h_0=0.3 m、0.6 m、1.2 m 不同时刻下速度剖面 BSMPM 模拟结果对比图。
由图可以看出：水库水位高度 h_0=0.3 m、0.6 m 和 1.2 m 的相同时刻速度
剖面趋势基本一致；随着水位高度 h_0 的增加，相同时刻下前缘位置的流
体速度变快、波前位置逐渐靠近水箱左壁；随着水位高度 h_0 的增加，相
同时刻下流体前缘冲击波爬升高度变大。

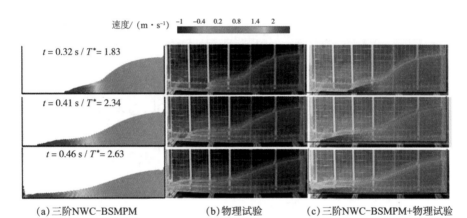

图 6-25　h_0=0.3 m 时三阶 NWC–BSMPM 模拟结果、试验结果，以及模拟和试验
结果重叠比较

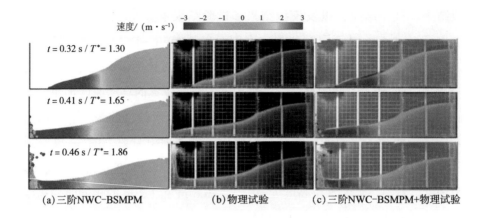

（a）三阶NWC-BSMPM　　　　（b）物理试验　　　（c）三阶NWC-BSMPM+物理试验

图 6-26　h_0=0.6 m 时三阶 NWC-BSMPM 模拟结果、试验结果，以及模拟和试验结果重叠比较

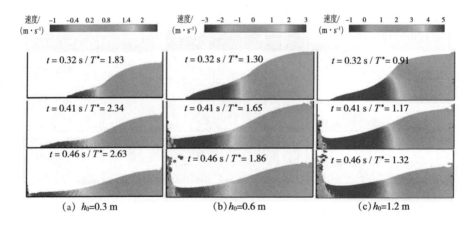

（a）h_0=0.3 m　　　　　（b）h_0=0.6 m　　　　　（c）h_0=1.2 m

图 6-27　h_0=0.3 m、h_0=0.6 m 和 h_0=1.2 m 时三阶 NWC-BSMPM 模拟结果在不同时刻下的速度剖面

　　图 6-28 展示了流体波前位置到达水箱左壁的时间 T^* 与不同初始水位高度 h_0 的线性拟合图。由图 6-28 可知，流体波前位置到达水箱左壁的时间与不同初始水位高度 h_0 线性拟合相关系数 R^2 为 0.947 6，拟合函数与模拟数据吻合度较高，说明流体波前位置到达水箱左壁的时

间 T^* 随初始水位高度 h_0 变化规律满足负相关线性函数关系。由于水箱 l 始终不变，可得流体波前速度与初始水位高度 h_0 变化规律满足正相关线性函数关系。

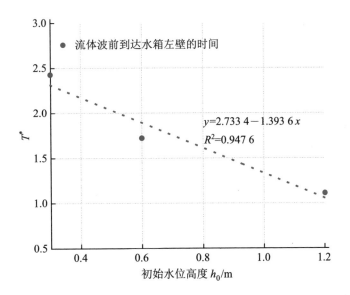

图 6-28　流体到达水箱左壁时间与初始水位高度 h_0 线性拟合曲线

图 6-29 为在 t=0.46 s/T^*=2.63 下流体冲击波爬升高度与初始水位高度 h_0 线性拟合图。由图 6-29 可知，流体冲击波爬升高度与初始水位高度 h_0 线性拟合相关系数 R^2 为 0.998 2，拟合函数与模拟数据吻合度极高，说明流体冲击波爬升高度随初始水位高度 h_0 变化规律满足正相关线性函数关系。

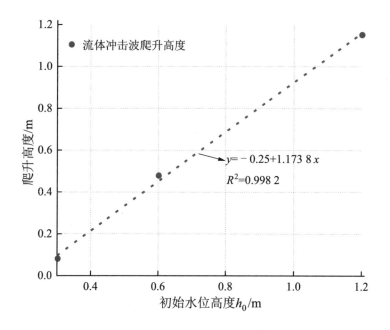

图6-29　在 t=0.46 s/T^*=2.63 下流体冲击波爬升高度与初始水位高度 h_0 线性拟合曲线

6.5.6　幂律流体流动特性

本节选取 h_0 为 0.3 m，研究不同幂律指数 n 下非牛顿幂律溃坝流体流动特性，其中基函数阶数为三阶，单元网格尺寸为 0.02 m，流体参考密度 ρ=1 379 kg/m³。图 6-30 给出了不同幂律指数 n 下溃坝幂律流体波前到达位置随时间变化的关系。其中，实线是剪切稀化幂律流体（n=0.5）的模拟结果，点线和虚线分别为剪切稠化幂律流体（n=1.5）和牛顿流体（n=1.0）的模拟结果。由图 6-30 可知，剪切稀化幂律流体（n=0.5）时，流体前缘到达水箱左壁的时间 T^*=2.511 3；牛顿流体（n=1.0）时，流体前缘到达水箱左壁的时间 T^*=2.684 7；剪切稠化幂律流体（n=1.5）时，流体前缘到达水箱左壁的时间 T^*=2.933 6。可以看出，随着幂律指数 n 的增加，幂律溃坝流体波前到达水箱左壁的时间增加。

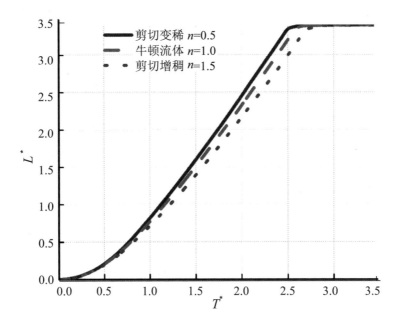

图 6-30　溃坝幂律流体波前位置随时间变化曲线

　　图 6-31 给出了初始水位高度 h_0=0.3 m 时剪切稀化幂律流体、牛顿流体和剪切稠化幂律流体在不同给定位置 h_1、h_2、h_3 和 h_4 的水位高程随时间的变化对比图。由图 6-31 可知，随着幂律指数 n 的增加，幂律溃坝流体到达给定位置 h_1、h_2、h_3 和 h_4 的时间增大。

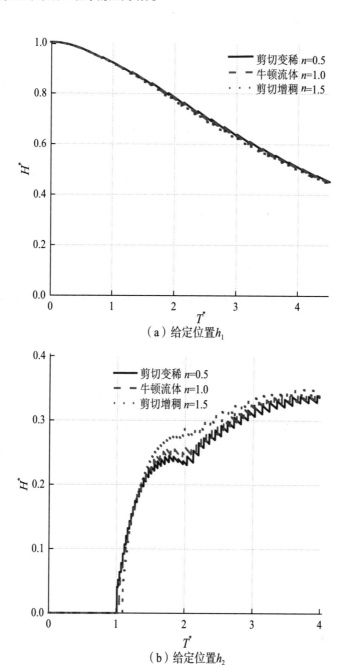

（a）给定位置h_1

（b）给定位置h_2

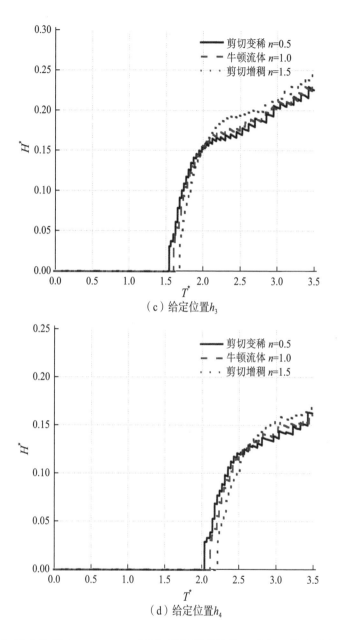

图 6-31　初始水位高度 h_0=0.3 m 时剪切稀化幂律流体、牛顿流体和剪切稠化幂律流体在不同给定位置 h_1、h_2、h_3 和 h_4 的水位高程随时间变化曲线

图 6-32 展示了流体波前位置到达水箱左壁的时间 T^* 与幂律指数 n 线性拟合图。由图 6-32 可知，流体波前位置到达水箱左壁的时间与不同幂律指数 n 线性拟合相关系数 $R^2=0.989\ 5$，拟合函数与模拟数据吻合度较高，说明流体波前位置到达水箱左壁的时间 T^* 随幂律指数 n 变化规律满足正相关线性函数关系。由于水箱 l 始终不变，可得流体波前速度与幂律指数 n 变化规律满足负相关线性函数关系。

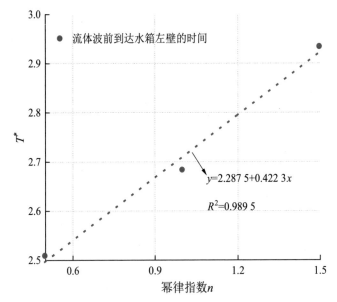

图 6-32　流体到达水箱左壁时间与幂律指数 n 线性拟合曲线

图 6-33 展示了 $t=0.5$ s/$T^*=2.86$ 下流体冲击波爬升高度与幂律指数 n 非线性拟合图。由图 6-33 可知，流体冲击波爬升高度与幂律指数 n 非线性拟合相关系数 $R^2=0.998\ 9$，拟合函数与模拟数据吻合度极高，说明流体冲击波爬升高度随幂律指数 n 变化规律满足开口朝下抛物线函数关系。

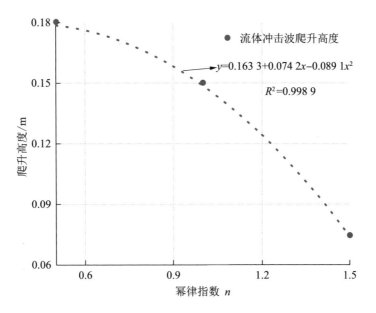

图 6-33　t=0.46 s／T^*=2.63 下流体冲击波爬升高度与幂律指数 n 非线性拟合曲线

6.5.7　Cross 流体流动特性

本节选取 h_0 为 0.3 m，研究不同初始黏度 μ_0 下非牛顿幂律溃坝流体流动特性，其中基函数阶数为三阶，单元网格尺寸为 0.02 m，流体参考密度 ρ=1 379 kg/m³。图 6-34 给出了溃坝 Cross 流体波前到达位置随时间变化的关系。其中，实线是初始黏度 μ_0 = 0.1 Pa·s 的模拟结果，点线和划线分别为 μ_0 = 1.0 Pa·s 的和 μ_0 = 10.0 Pa·s 的模拟结果。由图 6-34 可知，随着溃坝 Cross 流体的初始黏度 μ_0 的增加，流体波前到达水箱左壁的时间增加。

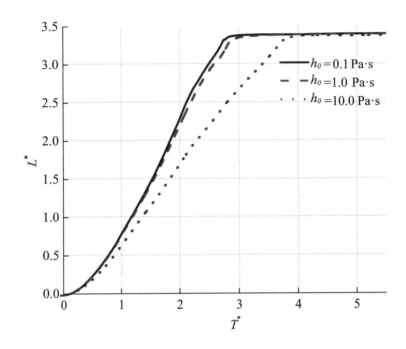

图 6-34 溃坝 Cross 流体波前位置随时间变化曲线

图 6-35 给出了初始水位高度 h_0=0.3 m 时不同 Cross 流体初始黏度在不同给定位置 h_1、h_2、h_3 和 h_4 的水位高程随时间的变化对比图。由图 6-35 可知，随着 Cross 流体初始黏度 μ_0 的增大，流体波前到达不同给定位置 h_1、h_2、h_3 和 h_4 的水位高程的时间增加。随着给定位置距水箱右壁的距离的增大，初始黏度 μ_0 的增加对到达给定位置时间的影响越来越显著，即溃坝 Cross 流体初始黏度 μ_0 为 0.1 Pa·s、1.0 Pa·s 和 10.0 Pa·s 时，流体波前到达给定位置 h_4 的水位高程时间差值最大。

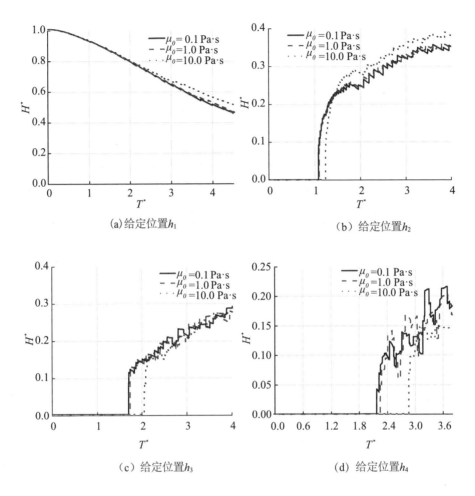

(a) 给定位置 h_1　　　　　　　　　　（b）给定位置 h_2

（c）给定位置 h_3　　　　　　　　　　（d）给定位置 h_4

图 6-35　初始水位高度 h_0=0.3 m 时不同 Cross 流体初始黏度在不同给定位置 h_1、
h_2、h_3 和 h_4 的水位高程随时间变化曲线

　　图 6-36 给出了初始水位高度 h_0=0.3 m 时不同 Cross 流体初始黏度下 BSMPM 模拟结果在 t=0.3 s/T^*=1.71、t=0.4 s/T^*=2.29、t=0.5 s/T^*=2.86 下的速度剖面。由图 6-36 可知，Cross 流体初始黏度 μ_0 = 0.1 Pa·s、1.0 Pa·s 和 10.0 Pa·s 下，相同时刻速度剖面趋势基本一致；随着 Cross 流体初始黏度 μ_0 的增大，相同时刻下前缘位置的流体速度变小、波前位置逐渐远离水箱左壁。

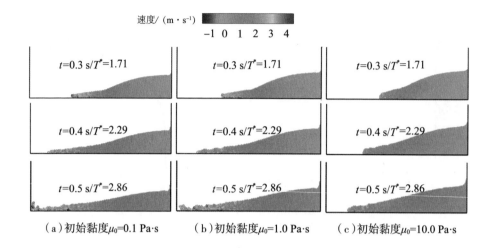

（a）初始黏度μ_0=0.1 Pa·s　　（b）初始黏度μ_0=1.0 Pa·s　　（c）初始黏度μ_0=10.0 Pa·s

图 6-36　初始水位高度 h_0=0.3 m 时不同 Cross 流体初始黏度时 N-NWC-BSMPM
模拟结果在不同时刻下的速度剖面

图 6-37 展示了流体波前位置到达水箱左壁的时间 T^* 与初始黏度 μ_0 线性拟合图。由图 6-37 可知，流体波前位置到达水箱左壁的时间与不同初始黏度 μ_0 线性拟合相关系数 R^2 为 0.994 4，拟合函数与模拟数据吻合度较高，说明流体波前位置到达水箱左壁的时间 T^* 随初始黏度 μ_0 变化规律满足正相关线性函数关系。由于水箱 l 始终不变，可得流体波前速度与幂律指数 n 变化规律满足负相关线性函数关系。

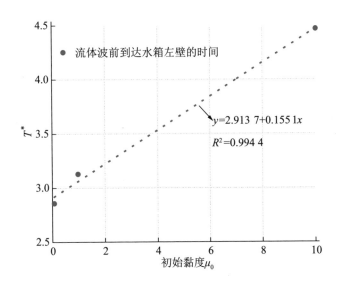

图 6-37　流体到达水箱左壁时间与初始黏度 μ_0 线性拟合曲线

6.5.8　牛顿和幂律流体比较

图 6-38 和图 6-39 分别给出了 h_0=0.3 m 时剪切稀化幂律流体、牛顿流体和剪切稠化幂律流体的 N-NWC-BSMPM 模拟结果在 t=0.3 s/T^*=1.71、t=0.4 s/T^*=2.29、t=0.5 s/T^*=2.86 下的等效剪切速率云图和无量纲有效黏度云图。由图 6-38 和图 6-39 可知，在相同时刻下，剪切稀化幂律流体有较大的等效剪切速率和较高的爬升高度，而剪切稠化幂律流体的等效剪切速率和爬升高度都小于牛顿流体；剪切稀化幂律流体的无量纲有效黏度随着等效剪切速率的增加而变小，牛顿流体的无量纲有效黏度为定值，剪切增稠幂律流体的无量纲有效黏度随着等效剪切速率的增加而变大，这说明剪切稀化幂律流体动力黏度与剪切速率呈负相关，牛顿流体的无量纲有效黏度为定值，剪切稠化幂律流体动力黏度与剪切速率呈正相关。

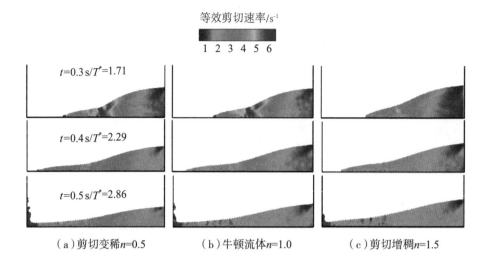

图 6-38　初始水位高度 h_0=0.3 m 时剪切稀化幂律流体、牛顿流体和剪切稠化幂律流体的 N-NWC-BSMPM 模拟结果在不同时刻下的等效剪切速率云图

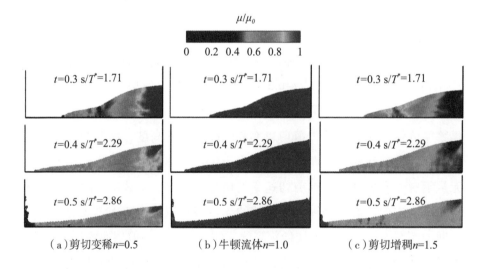

图 6-39　初始水位高度 h_0=0.3 m 时剪切稀化幂律流体、牛顿流体和剪切稠化幂律流体的 BSMPM 模拟结果在不同时刻下的无量纲有效黏度云图

6.6　牛顿溃坝流体冲击特性

6.6.1　冲击压力计算方法

目前，计算牛顿溃坝流体冲击力峰值的方法主要有流体力学模型和碰撞模型，其中流体力学模型的运用较为广泛。流体力学模型有流体静力学模型、流体动力学模型和混合模型。流体混合模型同时考虑流体静力学模型和动力学模型，符合工程现场实际情况。本节选取混合模型计算流体冲击力，是 Scheidl et al 基于物理模拟实验提出的混合计算模型：

$$P = 0.05\rho v^{a}(gh)^{b} \tag{6-25}$$

式中：P 为流体冲击压力；ρ 和 h 为流体密度和流体深度；g 为重力加速度；a 和 b 为经验系数，满足 $a+2b=2$；v 为溃坝流体流速。

6.6.2　计算模型

为了验证 NWC‒BSMPM 模拟牛顿溃坝流体冲击特性问题的可行性，本节建立了与物理实验工况一致的数值模拟模型，如图 6‒40 所示。其中，点 P_1、P_2 为距离水箱底部 0.03 m、0.08 m 冲击压力测量位置，h_0 为水位高度，h 为水箱高度的尺寸。取液柱的左右两侧和上下底面都为可滑移边界条件，初始下游河床无水。在模拟计算中取重力加速度 g=9.81 m/s²，水的密度 ρ=1 000 kg/m³。水位高度 h_0 设为 0.3 m 和 0.6 m，B 样条插值基函数阶数设为三阶，阀门上升速度 v=2.0 m/s，人工声速 c 和时间步长 Δt 分别为 100 m/s 和 1×10^{-5} s。本节基于三维程序模拟二维平面应变问题，即在 z 方向仅设置一个背景网格，单元网格大小采用 0.02 m，每个背景单元网格内布置 2×2×2 个物质点粒子。

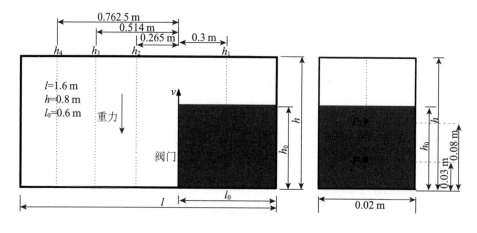

（a）计算区域正面示意图　　　　（b）计算区域侧面示意图

图 6-40　模拟计算域示意图

6.6.3　数值模拟与试验比较

为了方便对比研究，本节对无量纲化的 P^*-T^* 曲线进行研究。其中，P^* 代表无量纲化后给定位置的压力，即

$$P^* = P/\rho gh \qquad\qquad （6-26）$$

图 6-41 展示了不同初始水位高度 h_0 下 P_1 点、P_2 点模拟与试验冲击压力值的对比。由图 6-41 可知，水位高度 h_0 为 0.3 m 和 0.6 m 时模拟的结果曲线与试验结果曲线基本吻合，模拟与试验的冲击压力峰值大小基本相同，对于牛顿溃坝流体冲击到达左壁冲击压力测量给定位置的模拟时刻与试验基本一致；随着水位高度 h_0 的增大，P_1 点、P_2 点的压力峰值增大，波前到达冲击压力测量给定位置的时间逐渐变短。并且，当初始水位高度 h_0 为 0.3 m 时，物理试验在 T^*=2.67 时 P_1 点的无量纲压力达到峰值 1.54，数值模拟在 T^*=2.79 时 P_1 点的无量纲压力达到峰值 1.55，压力峰值与压力时程曲线结果基本拟合；物理试验在 T^*=3.54 时 P_2 点的无量纲压力达到峰值 0.621，数值模拟在 T^*=3.59 时 P_2 点的无量纲压力达

到峰值 0.622，压力峰值与压力时程曲线结果基本拟合。初始水位高度 h_0 为 0.6 m 时，物理试验在 T^*=1.54 时 P_1 点的无量纲压力达到峰值 2.43，数值模拟在 T^*=1.58 时 P_1 点的无量纲压力达到峰值 2.45，压力峰值与压力时程曲线结果基本拟合；物理试验在 T^*=1.68 时 P_2 点的无量纲压力达到峰值 1.48；数值模拟在 T^*=1.70 时 P_2 点的无量纲压力达到峰值 1.482，压力峰值与压力时程曲线结果基本拟合。

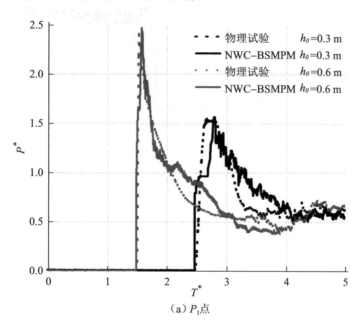

（a）P_1 点

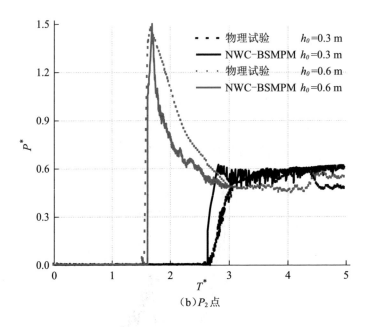

（b）P_2点

图 6-41　不同初始水位高度 h_0 下模拟冲击压力值与试验值对比

6.6.4　初始水位高度的影响

本节选取 h_0 为 0.3 m、0.6 m 和 1.2 m，研究不同 h_0 对溃坝流体冲击特性的影响，其中基函数阶数为三阶，单元网格尺寸为 0.02 m。图 6-42展示了不同初始水位高度 h_0 下 P_1 点、P_2 点模拟与实验冲击压力值的对比。由图 6-42 可知，随着水位高度 h_0 的增大，P_1 点、P_2 点的压力峰值增大，波前到达冲击压力测量给定位置的时间逐渐变短。当初始水位高度 h_0 为 0.3 m 时，数值模拟在 T^*=2.79 时 P_1 点的无量纲压力达到峰值 1.55；数值模拟在 T^*=3.59 时 P_2 点的无量纲压力达到峰值 0.622。当初始水位高度 h_0 为 0.6 m 时，数值模拟在 T^*=1.58 时 P_1 点的无量纲压力达到峰值 2.45，压力峰值与压力时程曲线结果基本拟合；数值模拟在 T^*=1.70 时 P_2 点的无量纲压力达到峰值 1.482。当初始水位高度 h_0 为 1.2 m 时，数值模拟在 T^*=1.37 时 P_1 点的无量纲压力达到峰值 3.189。数值模拟在 T^*=1.486

时 P_2 点的无量纲压力达到峰值 1.962。

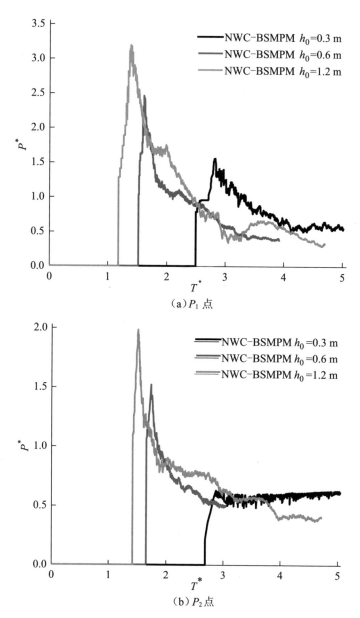

（a）P_1 点

（b）P_2 点

图 6-42　不同初始水位高度 h_0 下模拟冲击压力值与试验值对比

图 6-43 展示了给定测量位置无量纲冲击压力峰值与不同初始水位高度 h_0 非线性拟合图。由图 6-43 可知，给定测量位置 P_1 和 P_2 压力峰值与初始水位高度 h_0 拟合相关系数 R^2 的值等于 0.998 2 和 0.993 1，拟合函数与模拟数据吻合度极高，说明水箱左壁底部压力峰值随初始水位高度 h_0 变化规律满足非线性开口向下抛物线函数关系。

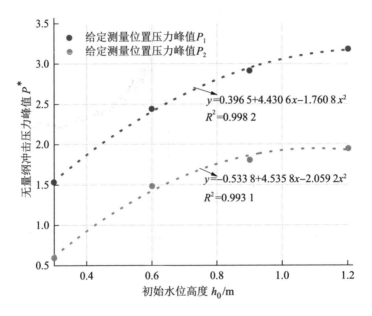

图 6-43　给定测量位置无量纲冲击压力峰值与初始水位高度 h_0 非线性拟合

6.6.5　水箱坡度的影响

为了研究水箱坡度 θ 对牛顿溃坝流体冲击特性的影响，本节开展水箱坡度 θ 不同工况下的模拟研究。模型布置如图 6-44 所示。图 6-44（a）显示了不同水箱坡度 θ 牛顿溃坝流冲击特性问题模拟中使用的力学模型，在数值模拟中，将水箱置于水平位置，并且通过采用重力水平分量的形式表示水箱坡度倾角 θ。水箱坡度倾角 θ 设为 0°、45°、50°、55°、60° 和 65°，B 样条插值基函数阶数设为三阶，阀门上升速度 $v=2.0$ m/s，人工声

速 c 和时间步长 Δt 分别为 100 m/s 和 1×10^{-5} s。本章节采用三维程序模拟二维平面应变问题，即在 z 方向仅设置一个背景网格，单元网格大小采用 0.02 m，每个背景单元网格内布置 $2 \times 2 \times 2$ 个物质点粒子，初始水位高度 h_0 设为 0.3 m，计算区域的长度 l_0 设为 0.6 m，水箱的长度 l 和高度 h 分别设为 1.6 m 和 0.8 m。

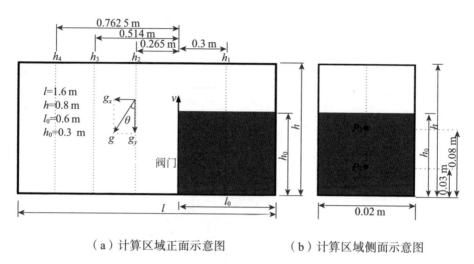

（a）计算区域正面示意图　　　（b）计算区域侧面示意图

图 6-44　模拟计算域示意图

图 6-45 展示了初始水位高度 h_0 为 0.3 m、水箱坡度倾角 θ 分别为 0°、45°、50°、55°、60° 和 65° 下 P_1 点、P_2 点模拟冲击压力值的对比。由图 6-45 可知，在初始水位一定时，随着水箱坡度倾角 θ 的增大，P_1 点、P_2 点的压力峰值增大，波前到达冲击压力测量给定位置的时间逐渐变短。并且，当水箱坡度倾角 θ 为 0° 时，数值模拟在 $T^*=2.67$ 时 P_1 点的无量纲压力达到峰值 1.55；数值模拟在 $T^*=3.59$ 时 P_2 点的无量纲压力达到峰值 0.622。当水箱坡度倾角 θ 为 45° 时，数值模拟在 $T^*=1.985$ 时 P_1 点的无量纲压力达到峰值 2.492；数值模拟在 $T^*=2.096$ 时 P_2 点的无量纲压力达到峰值 0.634。当水箱坡度倾角 θ 为 50° 时，数值模拟在 $T^*=1.912$ 时 P_1 点的无量纲压力达到峰值 2.54；数值模拟在 $T^*=2.058$ 时 P_2 点的无量纲

压力达到峰值 0.678。当水箱坡度倾角 θ 为 55° 时，数值模拟在 T^*=1.868 时 P_1 点的无量纲压力达到峰值 2.602；数值模拟在 T^*=1.972 时 P_2 点的无量纲压力达到峰值 0.702。当水箱坡度倾角 θ 为 60° 时，数值模拟在 T^*=1.83 时 P_1 点的无量纲压力达到峰值 2.746；数值模拟在 T^*=1.934 时 P_2 点的无量纲压力达到峰值 0.727。当水箱坡度倾角 θ 为 65° 时，数值模拟在 T^*=1.758 时 P_1 点的无量纲压力达到峰值 2.914；数值模拟在 T^*=1.854 时 P_2 点的无量纲压力达到峰值 0.784。

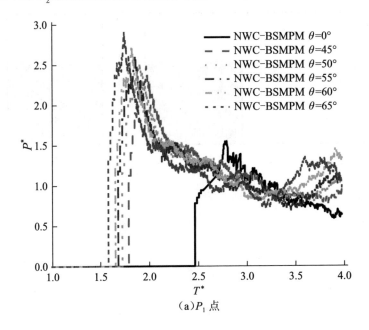

(a)P_1 点

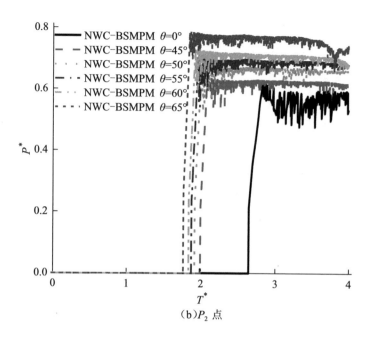

（b）P_2 点

图 6-45　初始水位高度 h_0 为 0.3 m 时不同水箱坡度 θ 下冲击压力时程对比

图 6-46 展示了给定测量位置无量纲冲击压力峰值与不同水箱坡度倾角 θ 非线性拟合图。由图 6-46 可知，水箱左壁底部压力峰值与不同水箱坡度倾角 θ 拟合相关系数 R^2 的值等于 0.998 1 和 0.979 1，拟合函数与模拟数据吻合度极高，说明水箱左壁底部压力峰值随水箱坡度倾角 θ 变化规律满足非线性开口向上抛物线函数关系。

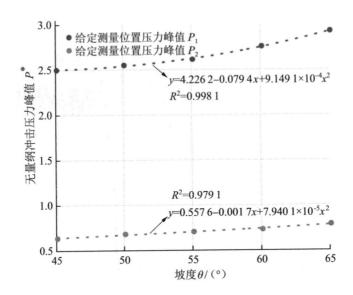

图 6-46　初始水位高度 h_0 为 0.3 m 时给定测量位置无量纲冲击压力峰值与水箱坡度 θ 非线性拟合曲线

6.7　本章小结

溃坝流问题涉及水波演进，属于大变形研究范畴，传统有限元方法在模拟时会出现网格畸变并引起误差。B 样条物质点法作为一种新兴物质点法的改进算法，对网格依赖程度低，在求解该类问题上有巨大优势。因此，本章基于 B 样条物质点法，通过引入人工状态方程，采用牛顿流体本构模型（幂律流体本构模型和 Cross 流体本构模型）描述溃坝流问题流体本构，开展了一系列牛顿弱可压缩 B 样条物质点法（NWC/N-NWC-BSMPM）模拟牛顿溃坝流问题流动和冲击特性的研究，主要得出以下几点结论：

（1）牛顿弱可压缩 B 样条物质点法模拟所得流体波前位置、波前流速、给定位置处的高程变化及速度剖面与已有的试验结果基本吻合。模拟所得压力随时间变化的过程与已有试验结果基本一致，模拟所得压力峰值结果与试验结果基本相等。这验证了 NWC-BSMPM 模拟牛顿溃坝流问题流动和冲击特性的可行性。

（2）对于 B 样条物质点法，在改变基函数阶数条件下，随着基函数阶数的增加，模拟计算收敛性提高，计算耗时约呈 1.5 倍增长；在改变单元网格尺寸条件下，随着单元网格尺寸的减少，模拟计算收敛性提高，计算耗时约呈线性增长。对于牛顿溃坝流体流动特性，随着初始水位高度的增加，流体波前速度增大，流体波前速度与初始水位高度变化规律满足正相关线性函数关系；流体前缘冲击波爬升高度与初始水位高度变化规律满足正相关线性函数关系。对于非牛顿幂律溃坝流体流动特性，随着幂律指数 n 的增加，流体波前速度缩小，流体波前速度与幂律指数 n 变化规律满足负相关线性函数关系；流体前缘冲击波爬升高度与幂律指数 n 变化规律满足开口朝下抛物线函数关系。对于非牛顿 Cross 溃坝流体流动特性，随着初始黏度 μ_0 的增加，流体波前速度缩小，流体波前速度与初始黏度 μ_0 变化规律满足负相关线性函数关系。

（3）对于牛顿溃坝流体冲击特性，在改变初始水位高度 h_0 条件下，水箱左壁底部压力峰值随初始水位高度 h_0 变化规律满足非线性开口向下抛物线函数关系。在改变水箱坡度倾角 θ 条件下，水箱左壁底部压力峰值随水箱坡度倾角 θ 变化规律满足非线性开口向上抛物线函数关系。

参考文献

[1] SOOFASTAEI A. Numerical simulation：advanced techniques for science and engineering[M]. Rijeka：IntechOpen，2023.

[2] SHARMA M D. Wave propagation in a pre-stressed anisotropic generalized thermoelastic medium[J]. Earth，Planets and Space，2010，62（4）：381–390.

[3] SHARMA M D. Effect of initial stress on reflection at the free surface of anisotropic elastic medium[J]. Journal of Earth System Science，2007，116（6）：537–551.

[4] SHARMA M D，GARG N. Wave velocities in a pre-stressed anisotropic elastic medium[J]. Journal of Earth System Science，2006，115（2）：257–265.

[5] 金解放，程昀，昌晓旭，等 . 轴向静载对红砂岩中应力波传播特性的影响试验研究 [J]. 岩石力学与工程学报，2017，36（8）：1939–1950.

[6] 金解放，王杰，郭钟群，等 . 围压对红砂岩应力波传播特性的影响 [J]. 煤炭学报，2019，44（2）：435–444.

[7] CHEN X，XU ZY. The ultrasonic P-wave velocity-stress relationship of rocks and its application[J]. Bulletin of Engineering Geology and the Environment，2017，76（2）：661–669.

[8] SELIM M M，AHMED M K. Propagation and attenuation of seismic body waves in dissipative medium under initial and couple stresses[J]. Applied Mathematics and Computation，2006，182（2）：1064−1074.

[9] QI K，TAN Z Y. Experimental study on acoustoelastic character of rock under uniaxial compression[J]. Geotechnical and Geological Engineering，2018，36（1）：247−256.

[10] 李新平，赵航，罗忆，等. 深部裂隙岩体中弹性波传播与衰减规律试验研究 [J]. 岩石力学与工程学报，2015，34（11）：2319−2326.

[11] 李夕兵，宫凤强，高科，等. 一维动静组合加载下岩石冲击破坏试验研究 [J]. 岩石力学与工程学报，2010，29（2）：251−260.

[12] 王伟，梁渲钰，张明涛，等. 动静组合加载下砂岩破坏机制及裂纹密度试验研究 [J]. 岩土力学，2021，42（10）：2647−2658.

[13] 李新平，董千，刘婷婷，等. 不同地应力下爆炸应力波在节理岩体中传播规律模型试验研究 [J]. 岩石力学与工程学报，2016，35（11）：2188−2196.

[14] FAN L F，SUN H Y. Seismic wave propagation through an in-situ stressed rock mass[J]. Journal of Applied Geophysics，2015，121：13−20.

[15] 金解放，张琦，袁伟，等. 具有轴向静应力的变截面岩石应力波频散特性 [J]. 中南大学学报（自然科学版），2021，52（8）：2622−2633.

[16] 叶洲元，李夕兵，周子龙，等. 三轴压缩岩石动静组合强度及变形特征的研究 [J]. 岩土力学，2009，30（7）：1981−1986.

[17] 刘少虹，毛德兵，齐庆新，等. 动静加载下组合煤岩的应力波传播机制与能量耗散 [J]. 煤炭学报，2014，39（增刊1）：15−22.

[18] 刘锦，李峰辉，刘秀秀. 基于 HJC 模型的煤岩冲击损伤特性研究 [J]. 工程爆破，2021，27（2）：35−42，65.

[19] 孙其然，李芮宇，赵亚运，等. HJC 模型模拟钢筋混凝土侵彻实验的参数研究 [J]. 工程力学，2016，33（8）：248−256.

[20] ZHU Q F, HUANG Z X, XIAO Q Q, et al. Theoretical considerations on cavity diameters and penetration depths of concrete materials generated by shaped charge jets using the targets response modes described by a modified HJC model[J]. International Journal of Impact Engineering, 2020, 138: 103439.

[21] 张嘉凡, 高壮, 程树范, 等. 煤岩 HJC 模型参数确定及液态 CO_2 爆破特性研究 [J]. 岩石力学与工程学报, 2021, 40（增刊 1）: 2633−2642.

[22] 宋帅, 杜闯, 李艳艳. 超高性能混凝土 HJC 本构模型参数确定及应用 [J]. 爆炸与冲击, 2023, 43（5）: 57−69.

[23] WANG Z, HUANG Y, XIONG F. Three-dimensional numerical analysis of blast-induced damage characteristics of the intact and jointed rockmass[J]. Computers, Materials and Continua, 2019, 58（2）: 1189−1206.

[24] 石恒, 王志亮, 石高扬, 等. 实时温度下花岗岩动态压缩破坏特性试验与数值研究 [J]. 岩土工程学报, 2019, 41（5）: 836−845.

[25] CHEN W F. Plasticity in reinforced concrete[M]. New York: McGraw-Hill, 1982.

[26] WANG C, CHEN A, LI Z, et al. Experimental and numerical investigation on penetration of clay masonry by small high-speed projectile[J]. Defence Technology, 2021, 17（4）: 1514−1530.

[27] WANG Z L, WANG H C, WANG J G, et al. Finite element analyses of constitutive models performance in the simulation of blast-induced rock cracks[J]. Computers and Geotechnics, 2021, 135: 104172.

[28] 李洪超. 岩石 RHT 模型理论及主要参数确定方法研究 [D]. 北京: 中国矿业大学（北京）, 2016.

[29] 李洪超, 刘殿书, 赵磊, 等. 大理岩 RHT 模型参数确定研究 [J]. 北京理工大学学报, 2017, 37（8）: 801−806.

[30] 刘殿柱，刘娜，高天赐，等．应用正交试验法的 RHT 模型参数敏感性研究 [J]．北京理工大学学报，2019，39（6）：558-564．

[31] 聂铮玥，彭永，陈荣，等．侵彻条件下岩石类材料 RHT 模型参数敏感性分析 [J]．振动与冲击，2021，40（14）：108-116．

[32] 关振长，朱凌枫，俞伯林．隧道掘进排孔爆破的精细化数值模拟 [J]．振动与冲击，2021，40（11）：154-162．

[33] 朱伟，赵峦啸，王一戎．数字岩心宽频带动态应力应变模拟方法及其对含裂隙致密岩石频散和衰减特征的表征 [J]．地球物理学报，2021，64（6）：2086-2096．

[34] 马秋峰，刘志河，秦跃平，等．基于能量耗散理论的岩石塑性—损伤本构模型 [J]．岩土力学，2021，42（5）：1210-1220．

[35] 沈永星，冯增朝，周动，等．天然裂缝对页岩储层水力裂缝扩展影响数值模拟研究 [J]．煤炭科学技术，2021，49（8）：195-202．

[36] 廖志毅，梁正召，杨岳峰，等．刀具动态作用下节理岩体破坏过程的数值模拟 [J]．岩土工程学报，2013，35（6）：1147-1155．

[37] 王岩，梁正召，唐世斌，等．围压下掘进机多滚刀顺次破岩机理数值模拟研究 [J]．地下空间与工程学报，2015，11（4）：859-867．

[38] 赵伏军，谢世勇，潘建忠，等．动静组合载荷作用下岩石破碎数值模拟及试验研究 [J]．岩土工程学报，2011，33（8）：1290-1295．

[39] 王志亮，阳栋．弹性地基上混凝土板动力响应试验及数值分析 [J]．哈尔滨工业大学学报，2016，48（9）：125-131．

[40] 王高辉，张社荣，卢文波，等．水下爆炸冲击荷载下混凝土重力坝的破坏效应 [J]．水利学报，2015，46（6）：723-731．

[41] 张社荣，孔源，王高辉．水下和空中爆炸冲击波传播特性对比分析 [J]．振动与冲击，2014，33（13）：148-153．

[42] 张社荣，李宏璧，王高辉，等．空中和水下爆炸冲击波数值模拟的网格尺寸效应对比分析 [J]．水利学报，2015，46（3）：298-306．

[43] 张社荣，李宏璧，王高辉，等．水下爆炸冲击波数值模拟的网格尺寸确定方法 [J]. 振动与冲击，2015，34（8）：93-100.

[44] 曹吉星，陈虬，张吉萍．混凝土 SHPB 试验的数值模拟及应力均匀性 [J]. 西南交通大学学报，2008（1）：67-70.

[45] 赵雷，陈虬．随机有限元动力分析方法的研究进展 [J]. 力学进展，1999（1）：9-18.

[46] 高科．岩石 SHPB 实验技术数值模拟分析 [D]. 长沙：中南大学，2009.

[47] 任文科，李汶峰，王江波，等．整形器对 SHPB 入射波形影响规律的定量研究 [J]. 北京理工大学学报，2021，41（9）：901-910.

[48] 李汶峰，任文科，王晓东，等．整形器对入射波形的影响规律研究 [J]. 兵器材料科学与工程，2021，44（2）：11-17.

[49] 李圳鹏，何文，吴贤振，等．节理厚度对应力波传播和动力特性影响的 SHPB 试验 [J]. 江西理工大学学报，2021，42（1）：64-73.

[50] 张明涛，王伟，张思怡，等．冲击荷载作用下灰砂岩破坏过程及损伤数值模拟研究 [J]. 爆破，2020，37（1）：46-54.

[51] 张华，郜余伟，武守锋．混凝土材料 SHPB 主动围压实验的数值模拟 [J]. 合肥工业大学学报（自然科学版），2012，35（2）：216-220.

[52] 巫绪涛，杨伯源，李和平，等．大直径 SHPB 装置的数值模拟及实验误差分析 [J]. 应用力学学报，2006（3）：431-434.

[53] 沈华章，王水林，郭明伟，等．应变软化边坡渐进破坏及其稳定性初步研究 [J]. 岩土力学，2016，37（1）：175-184.

[54] 吴凯峰，郑志勇，余海兵．基于应变软化特征的含软弱层公路边坡稳定性研究 [J]. 地质科技情报，2019，38（6）：150-156.

[55] 苏培东，唐雨生，马云长，等．基于应变软化的软弱夹层边坡渐进破坏 [J]. 长江科学院院报，2022，39（6）：69-75.

[56] CONTE E，SILVESTRI F，TRONCONE A. Stability analysis of slopes in soils with strain-softening behaviour[J]. Computers and Geotechnics，

2010，37（5）：710−722.

[57] CONTE E，DONATO A，TRONCONE A. Progressive failure analysis of shallow foundations on soils with strain-softening behaviour[J]. Computers and Geotechnics，2013，54：117−124.

[58] MIAO T D，MA C W，WU S Z. Evolution model of progressive failure of landslides[J]. Journal of Geotechnical and Geoenvironmental Engineering，1999，125（10）：827−831.

[59] 何成，唐辉明，申培武，等 . 应变软化边坡渐进破坏模式及稳定性可靠度 [J]. 地球科学，2021，46（2）：697−707.

[60] 陈亚烽，陈国庆，严明，等 . 基于一阶线性应变软化理论的边坡稳定性研究 [J]. 地质科技通报，2022，41（6）：180−188.

[61] ZHANG K，CAO P，BAO R. Progressive failure analysis of slope with strain-softening behaviour based on strength reduction method[J]. 浙江大学学报（英文版）（A 辑：应用物理和工程），2013，14（2）：101−109.

[62] 薛海斌，党发宁，尹小涛，等 . 应变软化边坡稳定性分析方法研究 [J]. 岩土工程学报，2016，38（3）：570−576.

[63] 邓琴，汤华，王东英，等 . 基于应变软化的多阶边坡稳定分析 [J]. 岩土力学，2018，39（11）：4109−4116.

[64] 齐群，包含，兰恒星，等 . 断层泥剪切力学行为与应变软化特征研究 [J]. 工程地质学报，2019，27（5）：1101−1109.

[65] 唐芬，郑颖人，赵尚毅 . 土坡渐进破坏的双安全系数讨论 [J]. 岩石力学与工程学报，2007（7）：1402−1407.

[66] 唐芬，郑颖人 . 边坡渐进破坏双折减系数法的机理分析 [J]. 地下空间与工程学报，2008（3）：436−441.

[67] 王庚荪，孔令伟，郭爱国，等 . 含剪切带单元模型及其在边坡渐进破坏分析中的应用 [J]. 岩石力学与工程学报，2005（21）：54−59.

[68] 张社荣，谭尧升，王超，等.强降雨特性对饱和—非饱和边坡失稳破坏的影响 [J].岩石力学与工程学报，2014，33（增刊2）：4102-4112.

[69] 杨兵，周子鸿，陶龙，等.降雨作用下基覆型边坡失稳特征及承载力试验研究 [J].西南交通大学学报，2022，57（4）：910-918.

[70] 王磊，李荣建，杨正午，等.强降雨作用下黄土陡坡开裂特性测试 [J].吉林大学学报（地球科学版），2021，51（5）：1338-1346.

[71] 骆文进，郑晓蕾，王丽英.考虑降雨入渗效应的高边坡开挖数值模拟研究 [J].水力发电，2020，46（12）：31-35.

[72] 靳红华，王林峰，任青阳，等.降雨循环条件下高切坡稳定性演化过程及预测方法 [J].土木与环境工程学报（中英文），2021，43（4）：12-23.

[73] 陈林万，张晓超，裴向军，等.降雨诱发直线型黄土填方边坡失稳模型试验 [J].水文地质工程地质，2021，48（6）：151-160.

[74] TSAPARAS I，RAHARDJO H，TOLL D G，et al. Controlling parameters for rainfall-induced landslides[J]. Computers and Geotechnics，2002，29（1）：1-27.

[75] KIM J，JEONG S，REGUEIRO R A. Instability of partially saturated soil slopes due to alteration of rainfall pattern[J]. Engineering Geology，2012，147-148：28-36.

[76] 潘振辉，李萍，肖涛.黄土水分入渗规律的数值模拟研究 [J].西北大学学报（自然科学版），2021，51（3）：470-484.

[77] 吴旭敏，杨溢，叶志程.岩土体边坡在降雨入渗作用下的稳定性及影响因素分析 [J].水资源与水工程学报，2022，33（5）：189-199.

[78] 林国财，谢兴华，阮怀宁，等.降雨入渗边坡非饱和渗流过程及稳定性变化研究 [J].水利水运工程学报，2019（3）：95-102.

[79] 王述红，何坚，杨天娇.考虑降雨入渗的边坡稳定性数值分析 [J].东北大学学报（自然科学版），2018，39（8）：1196-1200.

[80] 唐栋，李典庆，周创兵，等 . 考虑前期降雨过程的边坡稳定性分析 [J]. 岩土力学，2013，34（11）：3239-3248.

[81] RAHARDJO H，LI X W，TOLL D G，et al. The effect of antecedent rainfall on slope stability[J]. Geotechnical and Geological Engineering，2001，19（3/4）：371-399.

[82] 林鸿州，于玉贞，李广信，等 . 降雨特性对土质边坡失稳的影响 [J]. 岩石力学与工程学报，2009，28（1）：198-204.

[83] 黄明奎，马璐 . 极端降雨对边坡土体强度的影响及其稳定性分析 [J]. 灾害学，2021，36（3）：6-9.

[84] 曾昌禄，李荣建，关晓迪，等 . 不同雨强条件下黄土边坡降雨入渗特性模型试验研究 [J]. 岩土工程学报，2020，42（增刊 1）：111-115.

[85] RAHARDJO H，ONG T H，REZAUR R B，et al. Factors controlling instability of homogeneous soil slopes under rainfall[J]. Journal of Geotechnical and Geoenvironmental Engineering，2007，133（12）：1532-1543.

[86] RAHIMI A，RAHARDJO H，LEONG E. Effect of antecedent rainfall patterns on rainfall-induced slope failure[J]. Journal of Geotechnical and Geoenvironmental Engineering，2011，137（5）：483-491.

[87] CAI F，UGAI K. Numerical analysis of rainfall effects on slope stability[J]. International Journal of Geomechanics，2004，4（2）：69-78.

[88] 马吉倩，付宏渊，王桂尧，等 . 降雨条件下成层土质边坡的渗流特征 [J]. 中南大学学报（自然科学版），2018，49（2）：464-471.

[89] 史振宁，戚双星，付宏渊，等 . 降雨入渗条件下土质边坡含水率分布与浅层稳定性研究 [J]. 岩土力学，2020，41（3）：980-988.

[90] 王军祥，姜谙男 . 岩石应变软化本构模型建立及 NR-AL 法求解研究 [J]. 岩土力学，2015，36（2）：393-402.

[91] 李杭州，廖红建，宋丽，等 . 双剪统一弹塑性应变软化本构模型研究 [J].

岩石力学与工程学报，2014，33（4）：720-728.

[92] XIAO Y，QIAO Y，HE M，et al. A unified strain-hardening and strain-softening elastoplastic constitutive model for intact rocks[J]. Computers and Geotechnics，2022，148：104772.

[93] PENG K，ZHU J，FENG S，et al. An elasto-plastic constitutive model incorporating strain softening and dilatancy for interface thin-layer element and its verification[J]. Journal of Central South University，2012，19（7）：1988-1998.

[94] 张宏博，黄茂松，宋修广. 基于应变软化与剪胀性特征的粉砂土双硬化弹塑性本构模型 [J]. 山东大学学报（工学版），2008，38（6）：55-60.

[95] 向浩，陈斌. 非牛顿流体二维溃坝问题的数值模拟 [J]. 工程热物理学报，2012，33（8）：1338-1340.

[96] MANISHA C，RATHISH K B V. Study of unsteady non-Newtonian fluid flow behavior in a two-sided lid-driven cavity at different aspect ratios[J]. Journal of non-Newtonian Fluid Mechanics，2023，312：104975.

[97] BILAL A T. Well-posedness for a class of compressible non-Newtonian fluids equations[J]. Journal of Differential Equations，2023，349：138-175.

[98] PANASENKO G，PILECKAS K. Nonstationary Poiseuille flow of a non-Newtonian fluid with the shear rate-dependent viscosity[J]. Advances in Nonlinear Analysis，2022，12（1）：20220259.

[99] NORIKAZU S，TOSHIKI S. Cartesian grid method with a consistent direct discretization approach for numerical simulation of non-Newtonian fluid flow[J]. Journal of Non-Newtonian Fluid Mechanics，2022，303：104771.

[100] 张伟，马振杰. 软黏土地基中吸力桩水平承载性能数值分析 [J]. 水道

港口，2022，43（3）：377−382，389.

[101] 黄鹤，蒋亚清，潘亭宏，等．大流动度水泥净浆流变模型研究 [J]. 南京师大学报（自然科学版），2021，44（3）：20−23.

[102] 胡亚元．非饱和土等效时间流变模型 [J]. 哈尔滨工业大学学报，2019，51（12）：153−159.

[103] SIDOROV V. Computational rheological model of concrete[J]. International Journal for Computational Civil and Structural Engineering，2019，15（2）：135−143.

[104] 蔡亚飞．渗流—应力耦合和降雨入渗作用下的边坡稳定性分析及加固措施 [D]. 衡阳：南华大学，2019.

[105] 彭文哲，赵明华，肖尧，等．抗滑桩加固边坡的稳定性分析及最优桩位的确定 [J]. 湖南大学学报（自然科学版），2020，47（5）：23−30.

[106] 陈冲，王卫，吕华永．基于复合抗滑桩模型加固边坡稳定性分析 [J]. 岩土力学，2019，40（8）：3207−3217.

[107] 王龙，陈国兴，胡伟，等．基于拟动力法抗滑桩加固非饱和土边坡稳定性分析 [J]. 防灾减灾工程学报，2023，43（6）：1386−1394.

[108] 李哲，朱振国，张娟，等．黄土边坡悬臂式与全埋式单排两桩抗滑桩原位模型试验 [J]. 中国公路学报，2020，33（4）：14−23.

[109] 李哲，朱振国，张娟，等．黄土边坡悬臂式与全埋式单桩抗滑桩现场模型试验 [J]. 公路交通科技，2020，37（8）：32−40.

[110] WON J，YOU K，JEONG S，et al. Coupled effects in stability analysis of pile-slope systems[J]. Computers and Geotechnics，2005，32（4）：304−315.

[111] KOURKOULIS R，GELAGOTI F，ANASTASOPOULOS I，et al. Hybrid method for analysis and design of slope stabilizing piles[J]. Journal of Geotechnical and Geoenvironmental Engineering，2012，138（1）：

1–14.

[112] WU X X, LU Y F, FU X D. Mechanism and theoretical calculations of buttress anti-slide pile[J]. Advanced Materials Research, 2013, 671/674: 713–717.

[113] 赵明华, 廖彬彬, 刘思思. 基于拱效应的边坡抗滑桩桩间距计算 [J]. 岩土力学, 2010, 31（4）: 1211–1216.

[114] 唐芬, 郑颖人, 杨波. 双排抗滑桩的推力分担及优化设计 [J]. 岩石力学与工程学报, 2010, 29（增刊1）: 3162–3168.

[115] WEI W B, CHENG Y M. Strength reduction analysis for slope reinforced with one row of piles[J]. Computers and Geotechnics, 2009, 36（7）: 1176–1185.

[116] LEI H, LIU X, SONG Y, et al. Stability analysis of slope reinforced by double-row stabilizing piles with different locations[J]. Natural Hazards, 2021, 106（1）: 19–42.

[117] LI H, NI W, LI G, et al. Determination of maximum pile spacing of anti-slide pile with rectangular section considering soil arching effects[J]. IOP Conference Series Earth and Environmental Science, 2020, 560(1): 12045.

[118] 朱泳, 朱鸿鹄, 张巍, 等. 抗滑桩加固边坡稳定性影响因素的参数分析 [J]. 工程地质学报, 2017, 25（3）: 833–840.

[119] 年廷凯, 徐海洋, 刘红帅. 抗滑桩加固边坡三维数值分析中的几个问题 [J]. 岩土力学, 2012, 33（8）: 2521–2526.

[120] 高长胜, 魏汝龙, 陈生水. 抗滑桩加固边坡变形破坏特性离心模型试验研究 [J]. 岩土工程学报, 2009, 31（1）: 145–148.

[121] 郑刚, 赵佳鹏, 周海祚, 等. 抗滑桩加固含软弱夹层边坡的静动力极限分析 [J]. 重庆大学学报, 2019, 42（11）: 47–55.

[122] 陈建峰, 郭小鹏, 田丹, 等. 抗滑桩锚固长度对均质边坡滑动面及抗

滑能力影响研究 [J]. 同济大学学报（自然科学版），2022，50（1）：42−49.

[123] NIAN T K，CHEN G Q，LUAN M T，et al. Limit analysis of the stability of slopes reinforced with piles against landslide in nonhomogeneous and anisotropic soils[J]. Canadian Geotechnical Journal，2008，45（8）：1092−1103.

[124] AUSILIO E，CONTE E，DENTE G. Stability analysis of slopes reinforced with piles[J]. Computers and Geotechnics，2001，28（8）：591−611.

[125] DEENDAYAL R，MUTHUKKUMARAN K，SITHARAM T G. Response of laterally loaded pile in soft clay on sloping ground[J]. International Journal of Geotechnical Engineering，2016，10（1）：10−22.

[126] 中国地质调查局. 2022 年中国自然资源统计公报 [EB/OL].（2023−04−15）[2024−07−01].https://www.cgs.gov.cn/xwl/zcwj/zhgll/202304/W020230415591392983002.pdf.

[127] XUE Z H，FENG W K，YI X Y，et al. Integrating data-driven and physically based landslide susceptibility methods using matrix models to predict reservoir landslides[J]. Advances in Space Research，2023，73（3）：1702−1720.

[128] SANAVIA L. Numerical modelling of a slope stability test by means of porous media mechanics[J]. Engineering Computations，2009，26（3/4）：245−266.

[129] TRONCONE A，PUGLIESE L，PARISE A，et al. A practical approach for predicting landslide retrogression and run-out distances in sensitive clays[J]. Engineering Geology，2023，326：107313.

[130] SONG K，YANG H，LIANG D，et al. Step-like displacement prediction

and failure mechanism analysis of slow-moving reservoir landslide[J]. Journal of Hydrology, 2024, 628: 130588.

[131] CHEN J, FURUICHI M, NISHIURA D. Toward large-scale fine resolution DEM landslide simulations: periodic granular box for efficient modeling of excavatable slope[J]. Computers and Geotechnics, 2024, 165: 105855.

[132] ZHANG Y, HOU S, DI S, et al. DEM–SPH coupling method for landslide surge based on a GPU parallel acceleration technique[J]. Computers and Geotechnics, 2023, 164: 105821.

[133] REN S, CHEN X, REN Z, et al. Large-deformation modelling of earthquake-triggered landslides considering non-uniform soils with a stratigraphic dip[J]. Computers and Geotechnics, 2023, 159: 105492.

[134] BAO Y, SU L, CHEN J, et al. Dynamic process of a high-level landslide blocking river event in a deep valley area based on FDEM-SPH coupling approach[J]. Engineering Geology, 2023, 319: 107108.

[135] HE K, XI C, LIU B, et al. MPM-based mechanism and runout analysis of a compound reactivated landslide[J]. Computers and Geotechnics, 2023, 159: 105455.

[136] 魏星, 程世涛, 谢相焱, 等. 考虑强度速率衰减效应的地震滑坡 SPH–FEM 模拟 [J]. 岩土工程学报, 2023（12）: 1–9.

[137] 魏进兵, 何治良, 杨仲康. 考虑地震危险性的倾倒变形边坡风险定量分析 [J]. 地质科技通报, 2022, 41（2）: 71–78.

[138] 杜文杰, 盛谦, 杨兴洪, 等. 基于两相双质点 MPM 的滑坡堵江灾害链生全过程分析 [J]. 工程科学与技术, 2022, 54（3）: 36–45.

[139] 程井, 何子瑶, 刘忠, 等. 基于非线性随机有限元的堤坝边坡可靠度分析 [J]. 人民黄河, 2023, 45（5）: 137–142.

[140] 宰德志, 庞锐, 刘俊. 基于物质点法的随机地震作用下边坡滑动距离

概率 [J]. 科学技术与工程，2023，23（17）：7478−7484.

[141] 刘磊磊，梁昌奇，徐蒙，等．考虑参数旋转各向异性空间变异性的边坡大变形概率分析 [J]. 地球科学，2023，48（5）：1836−1852.

[142] 姚云琦，曾润强，马建花，等．考虑优势流作用的降雨入渗边坡可靠度分析 [J]. 岩土力学，2022，43（8）：2305−2316.

[143] ZHONG Q，CHEN S，WANG L，et al. Back analysis of breaching process of Baige landslide dam[J]. Landslides，2020，17（7）：1681−1692.

[144] LIU Y，ZHANG X，YU H，et al. Hydraulic model of partial dam break based on sluice gate flow[J]. Ocean Engineering，2024，295：116974.

[145] RITTER A. Die fortpflanzung de wasserwellen[J]. Zeitschrift Verein Deutscher Ingenieure，1982，33（36）：947−954.

[146] KIVVA S. Entropy stable flux correction for hydrostatic reconstruction scheme for shallow water flows[J]. Journal of Scientific Computing，2024，99（1）：1.

[147] WANG B，ZHANG F，GUO Y，et al. Theoretical investigation of dam-break waves in frictional channels with power-law sections[J]. Ocean Engineering，2023，268：113416.

[148] 胡伟依，李小纲，邓玉喜．求解浅水方程组的三阶 WENO 新格式 [J]. 人民黄河，2023，45（12）：31−36.

[149] MARTN J C，MOYCE W J，MARTIN J C. An experimental study of the collapse of liquid columns on a rigid horizontal plane[J]. Philosophical Transactions of the Royal Society of London，1952，882（244）：312−324.

[150] ZHOU Z Q，KAT J O D，BUCHNER B. A nonlinear 3−Dapproach to simulate green water dynamics on deck[C]//7th International Conference on Numerical Ship Hydrodynamics. Nantes：Engineering，

Environmental Science，1999．

[151] KIM H J，KIM J M，KIM J H，et al. Experimental study on flow kinematics and pressure characteristics of dam break flow[J]. Ocean Engineering，2024，299：117170.

[152] 俞振钊，彭辉，韩凯，等．均质粘性土坝漫顶溃决过程试验研究 [J]. 水电能源科学，2020，38（7）：99-102.

[153] LOBOVSKÝ L，BOTIA-VERA E，CASTELLANA F，et al. Experimental investigation of dynamic pressure loads during dam break[J]. Journal of Fluids and Structures，2014，48：407-434.

[154] 王大国，GEORGE T L，水庆象，等．基于 CBOS 有限元溃坝流数值模型 [J]. 工程力学，2013，30（3）：451-458.

[155] 马洪玉，李敬军，朱凯斌，等．基于 CEL 方法的带结构物溃坝流数值模拟 [J]. 中国水利水电科学研究院学报（中英文），2024，22（2）：1-10.

[156] 邵晨，黄剑峰．基于格子 Boltzmann 方法的三维溃坝数值模拟 [J]. 中国农村水利水电，2021（9）：1-8.

[157] 张建伟，杜宇，陈海舟．溃坝水流冲击水垫塘的 SPH 模拟 [J]. 水电能源科学，2021，39（3）：41-44.

[158] 王春正，孙亮，黄玲玲，等．基于双向流固耦合模型的溃坝水流数值模拟 [J]. 科学技术与工程，2023，23（26）：11090-11097.

[159] 张大朋，严谨，赵博文，等．二维溃坝的数值模拟及其自由液面大变形流动研究 [J]. 中国海洋大学学报（自然科学版），2022，52（12）：120-133.

[160] YUAN B，SUN J，YUAN D，et al. Numerical simulation of shallow-water flooding using a two-dimensional finite volume model[J]. Journal of Hydrodynamics，2013，25（4）：520-527.

[161] LI D，ZHANG H，QIN G. Numerical simulation of violent interactions

between dam break flow and a floating box using a modified MPS method[J]. Journal of Ocean Engineering and Science，2023，2：355−364.

[162] XIE J，TAI Y，JIN Y C. Study of the free surface flow of water-kaolinite mixture by moving particle semi-implicit（MPS）method[J]. International Journal for Numerical and Analytical Methods in Geomechanics，2014，38（8）：811−827.

[163] KAMANI N，ZERAATGAR H，KETABDARI M J，et al. Simulation of granular surface flows using incompressible non-Newtonian SPH （INNSPH）method[J]. Powder Technology，2024，432：119135.

[164] TALBOT L E D，GIVEN J，TJUNG E Y S，et al. Modeling large-deformation features of the Lower San Fernando Dam failure with the Material Point Method[J]. Computers and Geotechnics，2024，165：105881.

[165] ZHOU X，SUN Z. Numerical investigation of non-Newtonian power law flows using B-spline material point method[J]. Journal of Non-newtonian Fluid Mechanics，2021，298：104678.

[166] 张雄，廉艳平，刘岩，等 . 物质点法 [M]. 北京：清华大学出版社，2013.

[167] MONAGHAN J J，GINGOLD R A. Shock simulation by the particle method SPH[J]. Journal of Computational Physics，1983，52（2）：374−389.

[168] PRETTI G，COOMBS W M，AUGARDE C E，et al. A conservation law consistent updated Lagrangian material point method for dynamic analysis[J]. Journal of Computational Physics，2023，485：112075.

[169] 何贻海 . 基于 Monte−Carlo 随机有限元方法的自然对流不确定性研究 [D]. 长沙：长沙理工大学，2017.

[170] TALBOT L E D, GIVEN J, LIANG Y, et al. Large-deformation simulation of the 1971 lower san fernando dam flow slide using the material point method [C]//Geo-Congress 2024：Geotechnical Systems. Vancouver：Geotechnical Special Publication，2024：52-63.

[171] 袁晓娟. 三模型随机场对一维量子 Ising 模型动力学性质的调控 [J]. 物理学报，2023，72（8）：303-312.

[172] 朱彬，裴华富，杨庆，等. 基于随机有限元法的波致海床响应概率分析 [J]. 岩土力学，2023，44（5）：1545-1556.

[173] 刘敬敏，杨绿峰，余波. 考虑空间变异性的框架结构可靠度分析方法 [J]. 计算力学学报，2020，37（6）：677-684.

[174] LIU L，LIANG C，HUANG L，et al. Parametric analysis for the large deformation characteristics of unstable slopes with linearly increasing soil strength by the random material point method[J]. Computers and Geotechnics，2023，162：105661.

[175] 张华宾，张顷顷，王来贵. 露天矿边坡饱和渗透系数随机场数值模型研究 [J]. 计算力学学报，2023，40（3）：432-439.

[176] 姬建，姜振，殷鑫，等. 边坡随机场数字图像特征 CNN 深度学习及可靠度分析 [J]. 岩土工程学报，2022，44（8）：1463-1473.

[177] 廖文旺，姬建，张童，等. 考虑降雨入渗参数空间变异性的浅层滑坡时效风险分析 [J]. 岩土力学，2022，43（增刊1）：623-632.

[178] 周亮. 基于随机场与 Kriging 代理模型的边坡可靠度分析 [D]. 长沙：湖南大学，2021.

[179] HURTADO J E，BARBAT A H. Monte Carlo techniques in computational stochastic mechanics[J]. Archives of Computational Methods in Engineering，1998，5（1）：3-30.

[180] VANMARCKE E H. Probabilistic modeling of soil profiles[J]. Journal of the Geotechnical Engineering Division，1977，103（11）：1227-1246.

[181] 屈晓明. 基于 RBF 神经网络的露天采石场边坡稳定性数值模拟 [J]. 水力发电，2023，49（6）：34-38.

[182] 方卫华，徐孟启，王润英. 基于物理信息神经网络的薄板反问题研究 [J]. 固体力学学报，2023，44（4）：483-496.

[183] MAN Y，HU Y，REN J，et al. Chapter 5-The biomass-based hydrogen production yield prediction model based on PSO-BPNN[M]//ZHANG Q，HE C，REN J，et al. Waste to Renewable Biohydrogen. Salt Lake City：Academic Press，2023：107-122.

[184] ZHAI J，YIN Q. Environmental parameter design for jack-up platforms based on FEM-BPNN-JPA coupled approach[J]. Ocean Engineering，2024，291：116475.

[185] TIPU R K，BATRA V，PANDYA K S，et al. Efficient compressive strength prediction of concrete incorporating recycled coarse aggregate using Newton's boosted backpropagation neural network （NB-BPNN）[J]. Structures，2023，58：105559.

[186] CAVALLARO C，CUTELLO V，PAVONE M，et al. Machine learning and genetic algorithms：a case study on image reconstruction[J]. Knowledge-Based Systems，2024，284：111194.

[187] XIAO M，LUO R，CHEN Y，et al. Prediction model of asphalt pavement functional and structural performance using PSO-BPNN algorithm[J]. Construction and Building Materials，2023，407：133534.

[188] MAHMOUDINAZLOU S，KWON C. A hybrid genetic algorithm for the min-max multiple traveling salesman problem[J]. Computers & Operations Research，2024，162：106455.

[189] LI T，DUAN X，LIU K，et al. Parameter extraction for photodiode equivalent circuit model based on hybrid genetic algorithm[J]. Microelectronics Journal，2024，143：106017.

[190] LI L，REN Y. On impact process of FGPM plate with the damaged interlayer：piezoelectricity-based interaction effect analysis and stress field prediction using BPNN[J]. Engineering Structures，2023，291：116447.

[191] DENG S，LI Y，WANG J，et al. A feature-thresholds guided genetic algorithm based on a multi-objective feature scoring method for high-dimensional feature selection[J]. Applied Soft Computing，2023，148：110765.

[192] SHU J，ZHAO Y，ZHOU Y，et al. Optimization of tetrastigma hemsleyanum extraction process based on GA−BPNN model and analysis of its antioxidant effect[J]. Heliyon，2023，9（10）：e20200.

[193] YIN Q，XING X，WANG W，et al. Effect of scour erosion and riprap protection on horizontal bearing capacity and reliability of monopiles using FEM−BPNN−RSM coupled method[J]. Applied Ocean Research，2023，140：103720.

[194] 孙政，周晓敏. 物质点法改进算法及其工程应用 [M]. 长沙：中南大学出版社，2021.

[195] WU Z，WANG W. Space-time estimates of the 3D bipolar compressible Navier−Stokes−Poisson system with unequal viscosities[J]. Science China Mathematics，2024，67（5）：1−26.

[196] POOLE R J. Inelastic and flow-type parameter models for non-Newtonian fluids[J]. Journal of non-Newtonian Fluid Mechanics，2023（320）：105106.

[197] 秦毅，朱新，宋宗强，等. 测定非牛顿流体粘度的 L−90 流变仪简介 [J]. 实验室研究与探索，1992（2）：111−113.

[198] WANG G，LIU Y，LIU C. Development of a contact force model with a fluid damping factor for immersed collision events[J]. Chaos，Solitons &

Fractals，2024，178：114292.

[199] WANG P，GONG L，FANG K，et al. Laboratory and non-hydrostatic modelling of focused wave group evolution over fringing reef[J]. Heliyon，2024，10（5）：26890.

[200] MAGDALENA I，RIF'ATIN H Q，KUSUMA M S B，et al. A non-hydrostatic model for wave evolution on a submerged trapezoidal breakwater[J]. Results in Applied Mathematics，2023，18：100374.

[201] WANG H，TOM M，OU F，et al. Multiscale computational fluid dynamics modeling of an area-selective atomic layer deposition process using a discrete feed method[J]. Digital Chemical Engineering，2024，10：100140.

[202] SCHWEIDTMANN A M，ZHANG D，VON STOSCH M. A review and perspective on hybrid modeling methodologies[J]. Digital Chemical Engineering，2024，10：100136.

[203] SCHEIDL C，FRIEDL C，REIDER L，et al. Impact dynamics of granular debris flows based on a small-scale physical model[J]. Acta Geotechnica，2023，19：3979–3997.